职业院校工业机器人技术专业教材

U0269539

典型工厂电气控制线路的组态与装调
（TIA 博途）

项万明　李震球　主　编

霍永红　孙　倩　何　木　副主编

邵伟军　鲁建峰　主　审

人民交通出版社股份有限公司

北京

内 容 提 要

本书为职业院校工业机器人专业教材，是 2020 年浙江省中华职业教育科研立项项目《精准培训缓解产业升级背景下的高级技工荒》课题成果。本书主要内容包括 TIA 博途组态与装调点动控制线路、连续控制线路、点动与连续混合控制线路、正反转控制线路、自动往返控制线路、星三角降压起动控制线路、调速控制线路，以及 A/D 转换控制、RFID 模块控制线路案例的组态与装调。

本书可作为职业院校机电一体化、机电技术应用、电气自动化设备安装与维修、电气运行与控制等相关专业教学用书，也可作为自动化工程技术人员的参考书，也可作为电工、机床装调维修工等职业工种的技能培训与技能鉴定辅导用书。

图书在版编目（CIP）数据

典型工厂电气控制线路的组态与装调:TIA 博途/
项万明,李震球主编.—北京:人民交通出版社股份有限公司,2021.7
ISBN 978-7-114-17362-2

Ⅰ.①典…　Ⅱ.①项…②李…　Ⅲ.①电气控制—控制电路—职业教育—教材　Ⅳ.①TM571.2

中国版本图书馆 CIP 数据核字(2021)第 109180 号

Dianxing Gongchang Dianqi Kongzhi Xianlu de Zutai yu Zhuangtiao(TIA Botu)

书　　　名:	典型工厂电气控制线路的组态与装调（TIA 博途）
著 作 者:	项万明　李震球
责任编辑:	李　良
责任校对:	孙国靖　卢　弦
责任印制:	张　凯
出版发行:	人民交通出版社股份有限公司
地　　　址:	(100011)北京市朝阳区安定门外外馆斜街 3 号
网　　　址:	http://www.ccpcl.com.cn
销售电话:	(010)59757973
总 经 销:	人民交通出版社股份有限公司发行部
经　　　销:	各地新华书店
印　　　刷:	北京市密东印刷有限公司
开　　　本:	787×1092　1/16
印　　　张:	13.25
字　　　数:	233 千
版　　　次:	2021 年 7 月　第 1 版
印　　　次:	2021 年 7 月　第 1 次印刷
书　　　号:	ISBN 978-7-114-17362-2
定　　　价:	35.00 元

前 言
PREFACE

目前,我国的工业化水平不断提升,工业机器人在工业领域内的应用范围越来越广泛,各企业对于工业机器人技术人才的需求不断增加。为了推进工业机器人专业的职业教育课程改革和教材建设进程,人民交通出版社股份有限公司特组织相关院校与企业专家共同编写了职业院校工业机器人专业教材,以供职业院校教学使用。本套教材在总结了众多职业院校工业机器人专业的培养方案与课程开设现状的基础上,根据《国家中长期教育改革和发展规划纲要(2010—2020)》和《中国制造2025》的精神,注重以学生就业为导向,以培养能力为本位,教材内容符合工业机器人专业教学要求,适应相关智能制造类企业对技能型人才的要求。

本书作为套书之一,重点突出了TIA博途组态新技术及典型工厂电气控制线路安装与调试的核心技能训练,形成了"以项目为载体、以任务作引领、以工作过程为导向"的职业教育特色。同时,本书基于典型工厂电气控制线路,通过TIA博途软件对PLC控制技术、变频器控制技术、触摸屏控制技术等进行组态,突出装调技能,是理论与实践相结合的创新工作。本书的编写特色如下:

(1)项目引领,任务驱动。教学项目的设计基于典型工厂电气控制线路的TIA博途组态,在每个项目中根据任务需要融入了西门子PLC控制技术、触摸屏控制技术、变频器控制技术,在最后一个项目中,介绍了A/D转换控制、RFID模块控制线路案例。本书选择了切实可行的典型工厂电气控制线路,将PLC控制技术、触摸屏控制技术、变频控制技术的相关知识与技能嵌入各项目中,由浅入深,层层递进,使PLC控制技术、触摸屏控制技术、变频控制技术的相关内容与典型工厂电气控制线路紧密结合。

(2)以典型工厂电气控制线路融入软件组态、硬件装调的核心技能。本书从典型工厂电气控制线路中提炼核心技能项目,贴近企业实际,并进行项目化处理,在课程结构体系上,打破学科常规,整合技术资源,将PLC控制技术、触摸屏控制技术、变频控制技术以TIA博途组态为轴线,将软件运用、硬件装调的核心能力融为一体,提高了学生综合运用知识、技术的能力,提升了教学效率。

(3)注重新技术的综合应用。在典型工厂电气控制线路中,融入了PLC、触摸屏、变频器等新技术,因为点动、连续、点动与连续、正反转、自动往返、星三角、低速起动高速运转等工厂典型控制线路相对简单,教师及工程技术人员对相关控制线路熟练,在这些线路中融入 TIA 博途新技术,易于使学生及广大工程技术人员掌握 TIA 博途新技术。

(4)注重立体化资源建设。本书注重立体化资源建设,配备有 PPT、微视频、思考与练习及参考答案;对一些操作重点、原理难点内容配置微视频;每个任务后面都紧扣任务内容配置适量的思考与练习,并给出了参考答案。

本课程建议学时为 104 学时,对于教学设备不全的院校,可根据实际情况安排教学任务,各教学项目学时分配建议如下:

项　目	任　务	建议学时
TIA 博途组态点动控制线路	PLC 控制点动控制线路的组态与装调	10
	触摸屏 + PLC + 变频器控制点动控制线路的组态与装调	10
TIA 博途组态连续控制线路	PLC 控制连续控制线路的组态与装调	6
	触摸屏 + PLC + 变频器控制连续控制线路的组态与装调	6
TIA 博途组态点动与连续混合控制线路	PLC 控制点动与连续混合控制线路的组态与装调	6
	触摸屏 + PLC + 变频器控制点动与连续混合控制线路的组态与装调	6
TIA 博途组态正反转控制线路	PLC 控制正反转控制线路的组态与装调	6
	触摸屏 + PLC + 变频器控制正反转控制线路的组态与装调	6
TIA 博途组态自动往返控制线路	PLC 控制自动往返控制线路的组态与装调	6
	触摸屏 + PLC + 变频器控制自动往返控制线路的组态与装调	6
TIA 博途组态星三角降压起动控制线路	PLC 控制星三角降压起动控制线路的组态与装调	6
	触摸屏 + PLC 控制星三角降压起动控制线路的组态与装调	6

项　　目	任　　务	建议学时
TIA 博途组态 调速控制线路	PLC 控制双速电动机控制线路的组态与装调	
	触摸屏 + PLC + 变频器控制电动机多段速运转线路的组态与装调	
TIA 博途智能控制案例	A/D 转换控制组态与装调	
	RFID 模块控制线路的组态与装调	
合　　计		104

　　本书由杭州技师学院项万明、杭州萧山技师学院李震球担任主编,长兴县职业技术教育中心学校霍永红、杭州技师学院孙倩、杭州第一技师学院何木担任副主编。参与本书编写工作的人员有:杭州技师学院项万明、孙倩、陈益锋、苏超,杭州萧山技师学院李震球、曾玉平、王树亮、钟皖生,长兴县职业技术教育中心学校霍永红,杭州第一技师学院何木,阿克苏技师学院赵鹏飞,平湖技师学院毛亚峰,温岭职业技术学校陈龙明,仙居县职业中专李武权、张国,德清县职业中等专业学校王琦英,湖州市技师学院宣根伟,重庆市机械高级技工学校杨伟,诸暨技师学院宋海市。参与本书编写的还有浙江天煌科技实业有限公司艾光波、杭州仪迈科技有限公司张春荣,他从企业的实际需求出发,不但给予了很多有益的建议,还编写了部分项目,丰富了教材内容。本书由杭州技师学院邵伟军、杭州萧山技师学院鲁建峰负责审稿,他们认真审阅了全书,提出了许多宝贵的意见和建议。在编写过程中,编者还参考了很多资料,在此一并表示真挚的感谢。

　　由于编者水平、经验和掌握的资料有限,书中难免存在不妥或错误之处,请广大读者批评指正,提出宝贵意见。

编　者
2021 年 3 月

目 录
CONTENTS

项目一　TIA 博途组态点动控制线路

项目概述

　　因安全、控制工艺等要求,生产机械需要随着主令电器动合动作而起停,我们把符合这种规律的控制统称为点动控制,如校门口电动门的开关、工厂里的行车吊放、医院中 CT 床体的进退等。

　　本项目先对传统的接触器控制点动控制线路进行回顾,再分别对 PLC 控制点动控制线路的组态与装调、触摸屏 + PLC + 变频器控制点动控制线路的组态与装调进行学习。达到能用 PLC、触摸屏、变频器改造点动控制线路的目的。

　　分析三相交流异步电动机接触器控制点动控制线路原理

　　三相交流异步电动机接触器控制点动控制线路原理图如图 1-0-1 所示,闭合断路器接通电源,按下按钮 SB,电动机运转,松开按钮 SB,电动机停转,该线路的工作原理及具体动作过程如下。

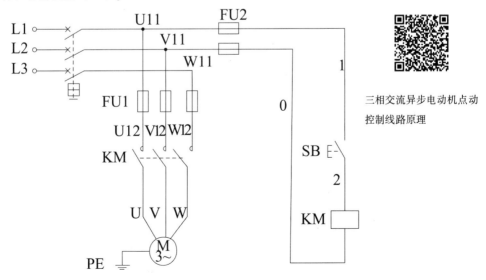

三相交流异步电动机点动
控制线路原理

图 1-0-1　三相交流异步电动机接触器控制点动控制线路原理图

起动过程：

$$\boxed{\text{按下 SB}} \rightarrow \boxed{\text{KM 线圈通电}} \rightarrow \boxed{\text{KM 主触点闭合,电动机正转}}$$

停止过程：

$$\boxed{\text{松开 SB}} \rightarrow \boxed{\text{KM 线圈断电}} \rightarrow \boxed{\text{KM 主触点断开,电动机停转}}$$

任务一　PLC 控制点动控制线路的组态与装调

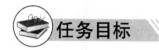 **任务目标**

技能目标

(1)能正确使用西门子 S7—1200 型 PLC 的常用外部接口；

(2)能分析 PLC 控制点动控制线路的 I/O 分配表、I/O 接线图、梯形图、原理图；

(3)会安装 TIA 博途软件,设置计算机与 PLC 的通信连接；

(4)能组态与装调 PLC 控制三相交流异步电动机点动控制线路。

知识目标

(1)熟悉博途软件的特点及结构；

(2)熟悉 S7—1200/S7—1500 型 PLC 的基本功能和特点；

(3)熟悉 S7—1200/S7—1500 型 PLC 的外形结构；

(4)熟悉 S7—1200/S7—1500 型 PLC 的输入、输出继电器；

(5)认识 S7—1200/S7—1500 型 PLC 的位逻辑:动合触点、动断触点、线圈；

(6)分析 PLC 控制点动控制线路原理。

 **必备知识**

一、博途软件的组成与特点

1.博途软件的组成

TIA 博途提供一个软件集成的平台,在这个平台之上,通过添加不同领域的软件来管理该领域的自动化产品。其包含了如下软件系统:

(1)S7-PLCSIM V16:仿真软件,在编完程序后进行 PLC 仿真调试时使用。

(2)Automation License Manager:授权管理器,安装了西门子工控类软件都会出现,授权是需要向西门子公司进行购买的。

（3）TIA Portal V16：编程软件,可以编写 PLC 程序与 HMI 画面。

（4）WinCC RT Start：HMI 组态仿真画面。

2. 博途软件的特点

西门子博途软件的特点主要体现在以下几个方面：

（1）可用性高。西门子为用户提供了完善的高可用性设计方案,保证工厂中的设备都具有较高的可用性,范围广泛。

（2）可靠性高。西门子系统中的产品都具有极佳的品质和较好的耐用性,适用于各种工业环境。产品通过了系统测试,能达到设计的目标水平,并且具有相关的认证。西门子产品同样规定了电磁兼容性等方面的特性。

（3）安全性。在工业现场中,以太网有着广泛的应用,相应地出现了网络安全的问题。为了对工厂数据进行保护,需要采取大量不同的措施,从而确保计算机（PC）和控制系统保护各个网络的自动化单元设备。西门子在这里采用单元保护方案,使用交换机系统模块等,提供各种组件以组成良好的保护单元。

二、S7—1200 的基本功能和特点

1. PLC 的定义

PLC 是 Programmable Logic Controller 三个英文单词首字母的缩写,中文名称为可编程逻辑控制器。它是专为工业生产设计的一种数字运算操作的电子装置,采用一类可编程的存储器,用于其内部存储程序、执行逻辑运算、顺序控制、定时、计数与算术操作等面向用户的指令,并通过数字或模拟式输入输出控制各种类型的机械或生产过程,已广泛应用于钢铁、石油、化工、电力、建材、机械制造、汽车、轻纺、交通运输、环保及文化娱乐等各个行业,是现代工业控制的核心部分,其主要功能有开关量的逻辑控制、模拟量控制、运动控制、过程控制、数据处理、通信及联网等。

2. S7—1200 的基本特点

制造行业中的创新系统解决方案——模块化控制器,SIMATIC S7—1200 控制器具有模块化、结构紧凑、功能全面等特点,适用于多种应用,能够保障现有投资的长期安全。由于该控制器具有可扩展的灵活设计,符合工业通信最高标准的通信接口,以及全面的集成工艺功能,因此它可以作为一个组件集成在完整的综合自动化解决方案中。

（1）通信模块集成工艺。

集成的 PROFINET 接口用于编程、HMI 通信、PLC 间的通信。此外它还通过开

放的以太网协议支持与第三方设备的通信。该接口带一个具有自动交叉网线(auto-cross-over)功能的 RJ45 连接器,提供 10/100 Mbit/s 的数据传输速率,它支持最多 16 个以太网连接以及下列协议:TCP/IPnative、ISO-on-TCP 和 S7 通信。

SIMATIC S7—1200 CPU 最多可添加三个通信模块。RS485 和 RS232 通信模块为点到点的串行通信提供连接。对该通信的组态和编程采用了扩展指令或库功能、USS 驱动协议、Modbus RTU 主站和从站协议,它们都包含在 SIMATICSTEP 7 Basic 工程组态系统中。

(2)高速输入。

SIMATIC S7—1200 控制器带有多达 6 个高速计数器。其中 3 个输入为 100kHz,3 个输入为 30kHz,用于计算和测量。

(3)高速输出。

SIMATIC S7—1200 控制器集成了两个 100kHz 的高速脉冲输出,用于步进式电动机或控制伺服驱动器的速度和位置。这两个输出都可以输出脉宽调制信号来控制电动机速度、阀位置或加热元件的占空比。

(4)存储器。

用户程序和用户数据之间的可变边界可提供最多 50kB 容量的集成工作内存。同时还提供了最多 2MB 的集成装载内存和 2kB 的掉电保持内存。SIMATIC 存储卡可选,通过它可以方便地将程序传输至多个 CPU。该卡还可以用来存储各种文件或更新控制器系统的固件。

(5)可扩展的灵活设计。

信号模块:多达 8 个信号模块可连接到扩展能力最高的 CPU,以支持更多的数字和模拟量输入/输出信号。

信号板:一块信号板就可连接至所有的 CPU,由此可以通过向控制器添加数字或模拟量输入/输出信号来量身定做 CPU,而不必改变其体积。SIMATIC S7—1200 控制器的模块化设计允许按照自己的需要准确地设计控制器系统。

三、S7—1200 的外形结构

CPU1215C DC/DC/RLY 型 PLC 由状态指示灯、工作状态指示灯、通信口、品牌型号标识、输出端子和输出信号指示灯组成,图 1-1-1 所示为 CPU1215C DC/DC/RLY 型 PLC 外部结构。

CPU1215C DC/DC/RLY 型 PLC 外部结构的主要功能如下。

1.端子功能

CPU1215C DC/DC/RLY 型 PLC 各端子功能见表 1-1-1。

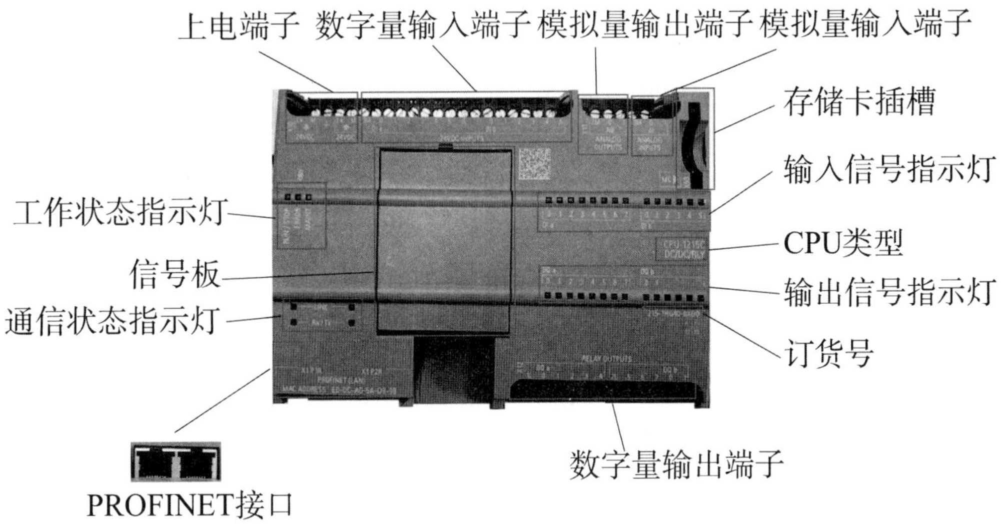

上电端子 数字量输入端子 模拟量输出端子 模拟量输入端子

存储卡插槽

输入信号指示灯

工作状态指示灯

CPU类型

信号板

输出信号指示灯

通信状态指示灯

订货号

PROFINET接口

数字量输出端子

图 1-1-1　CPU1215C DC/DC/RLY 型 PLC 外部结构

CPU1215C DC /DC /RLY 型 PLC 各端子功能　　表 1-1-1

区块	标识	功　　能	说　　　明
电源端子	L + 、M➡	输入电源	一般情况下接 DC 24V 电源,为 PLC 提供工作电源
	L + 、M⬅	输出电源	为 DC 24V 电源,可直接为传感器等提供工作电源
	⏚	接地保护线输入端	连接接地保护线,对 PLC 采取接地保护
输入端子	1M	输入信号电源公共端	根据实际情况选择接输出电源的 L + 或 M(详见项目五任务)
	I0.0—I0.7 I1.0—I1.1	数字信号输入端	一般情况下接主令电器触点的一端或者传感器的信号输出端。当 PLC 输入端有信号输入时,对应点的输入信号指示灯就会点亮,以方便检查和分析 PLC 输入信号的工作状况。需要注意的是:输入信号指示灯完全受硬件电路控制,输入信号有效指示灯点亮,输入信号失效指示灯熄灭,指示灯的亮灭不受 PLC 的运行状态和用户程序的影响

续上表

区块	标识	功　　能	说　　　　明
输入端子	AI0—AI1、3M	模拟信号输入端	把现场连续变化的模拟量标准信号转换成合适 PLC 内部处理的若干二进制数字表示的信号标准的模拟量信号:电流信号 4 ~ 20mA;电压:0 ~ 10V
输出端子	1L、2L	负载电源公共端	根据负载实际情况选择接电源电压等级,为 PLC 输出端提供电源
输出端子	Q0.0—Q0.7 Q1.0—Q1.1	PLC 数字控制信号的输出端	常连接到接触器、中间继电器、电磁阀的线圈,指示灯、蜂鸣器、变频器等控制设备的数字输入端。PLC 执行用户程序,当某个输出继电器 Q 的得电条件满足时,这个地址对应的输出指示灯就点亮,表示此刻 PLC 使用了这个地址的控制信号,如果外部线路没有故障,这个受控设备就会起动并工作;当输出使能信号消失时,对应的输出指示灯也会立即熄灭。需要注意的是:输出指示灯的亮灭只能反映 PLC 是否输出了对应点的使能信号,至于控制对象是否正常工作还受外部电路和控制对象自身的好坏状况影响
输出端子	AQ0—AQ1、2M	模拟量输出端	将 PLC 运算处理的若干位数字量转换成相应的模拟量信号输出,以满足生产过程现场连续控制的要求信号

2. 工作状态指示灯

CPU1215C DC/DC/RLY 型 PLC 工作状态指示灯反应的 PLC 所处状态见表 1-1-2。

CPU1215C DC/DC/RLY 型 PLC 工作状态指示灯含义　　　表 1-1-2

PLC 状态	工作状态指示灯		
	STOP/RUN 黄色/绿色	ERROR 红色	MAINT 黄色
断电	灭	灭	灭

续上表

PLC 状态	工作状态指示灯		
	STOP/RUN 黄色/绿色	ERROR 红色	MAINT 黄色
起动、自检或固件更新	闪烁（黄色和绿色交替）	—	灭
停止模式	亮（黄色）	—	—
运行模式	亮（绿色）	—	—
取出存储卡	亮（黄色）	—	闪烁
错误	亮（黄色或绿色）	闪烁	—
请求维护 (1)强制 I/O； (2)需要更换电池（如果安装了电池板）	亮（黄色或绿色）	—	亮
硬件出现了故障	亮（黄色）	亮	灭
LED 测试或 CPU 固件出现故障	闪烁（黄色和绿色交替）	闪烁	闪烁
CPU 组态版本未知或不兼容	亮（黄色）	闪烁	闪烁

注：如果固件检测到故障，则所有 LED 闪烁。

3. 通信接口

S7—1200/1500PLC 可以通过 PROFINET 接口同计算机连接，主要用于将编程软件中的程序下载至 PLC，或者将 PLC 中的程序上传到编程软件，除此之外还可以通过编程软件自带的程序监控功能对程序进行实时监控。同触摸屏连接时可以实现 PLC 和触摸屏之间的数据交互，通过操作触摸屏以改变 PLC 寄存器的值，而 PLC 中的数据则可以驱动触摸屏的显示画面。

四、S7—1200 输入、输出继电器

1. 输入继电器（Ⅰ）

输入继电器（Ⅰ）是 PLC 接收外部开关量信号的窗口，用来接收外部开关或传

感器送来的输入信号,外部信号经输入端子与输入继电器连接。PLC 内部与输入端子连接的输入继电器采用光电隔离,它们的编号与接线端子编号一致(按八进制数制),内部等效线圈的吸合或释放只取决于 PLC 外部触点的状态。PLC 将外部信号的状态读入并存储在输入继电器中,当外部电路接通则对应的映像寄存器为 ON("1"态),否则为 OFF("0"态),如图 1-1-2 所示。

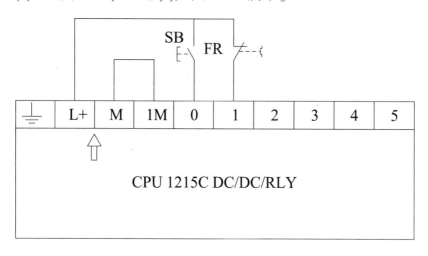

图 1-1-2 PLC 输入接线图

2. 输出继电器(Q)

PLC 的输出继电器(Q)与 PLC 的输出端相连,输出端是向外部负载发送信号的窗口,是 PLC 用来传递信号到外部负载的元器件。接到输出指令时,输出继电器线圈处于 ON 状态时,对应触点动作,输出信号通过输出单元的动合触点传送到输出接线端子,以驱动外部负载。输出继电器是 PLC 中唯一具有外部触点可以驱动外部负载的编程元件,输出继电器编号也采用八进制编号,如:Q0.0 ~ Q0.7,Q1.0 ~ Q1.7……如图 1-1-3 所示。

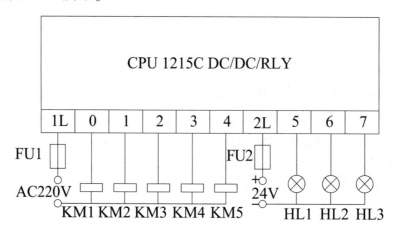

图 1-1-3 PLC 输出接线图

五、动合触点、动断触点、线圈指令

动合触点、动断触点、线圈的功能及存储区见表1-1-3。

动合触点、动断触点、线圈的功能及存储区　　　表1-1-3

梯形图表示	功　　能	存　储　区
—│├—	动合触点与母线相连	I、Q、M、D、L 或常量
—│/├—	动断触点与母线相连	I、Q、M、D、L 或常量
—（　）—	线圈驱动	I、Q、M、D、L

注:D 为 DB 数据块,L 为临时存储器。

动合触点与动断触点用于与母线相连的接点,此外还可用于分支的起点。

线圈指令是线圈的驱动指令,可用于输出继电器、辅助继电器、定时器,线圈指令用于并行输出。

六、梯形图的结构和工程创建

1. 梯形图程序的结构

梯形图(LadderLogic Programming Language,LAD)是 PLC 使用最多的图形编程语言,被称为 PLC 的第一编程语言,梯形图语言沿袭了继电器控制电路的形式,梯形图是在常用的继电器与接触器逻辑控制基础上简化了符号演变而来的,具有形象、直观、实用等特点,电气技术人员容易接受,是运用最多的一种 PLC 的编程语言。

在 PLC 程序图中,左、右母线类似于继电器与接触器控制电源线,输出线圈类似于负载,输入触点类似于按钮。梯形图由若干阶级构成,自上而下排列,每个阶级始于左母线,经过触点与线圈,止于右母线。

2. 博途梯形图工程文件的创建

现在大多 PLC 制造公司都为自己的工控产品提供了相关的编程软件,以便利用计算机实现在线编程,TIA Portal V16 是西门子工业自动化集团发布的一款全新的全集成自动化软件。它是业内首个采用统一的工程组态和软件项目环境的自动化软件,几乎适用于所有自动化任务。借助该全新的工程技术软件平台,用户能够快速、直观地开发和调试自动化系统。博途梯形图工程文件的创建步骤如下:

(1)双击"TIA Portal V16"编程软件图标,打开软件后的界面如图1-1-4 所示。

(2)双击"创建新项目"填写"项目名称",选择"路径",单击"创建",设置画面如图1-1-5 所示。

(3)单击"设备组态",单击"添加新设备",单击"控制器",设置画面如图1-1-6 所示。

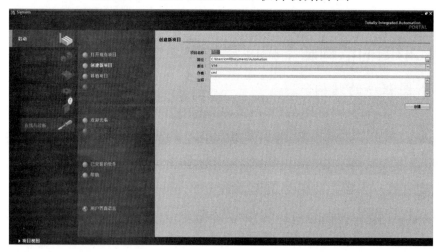

图 1-1-4　TIA Portal V16 软件初始界面

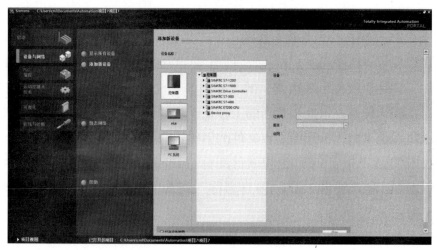

图 1-1-5　创建程序文件

图 1-1-6　选择设备画面

（4）选择一个所需的控制器型号，如"CPU 1215C DC/DC/Rly"的订货号为 6ES7 215-1HG40-0XB0 的控制器，设置画面如图 1-1-7 所示。

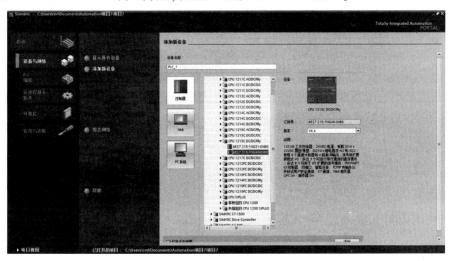

图 1-1-7 设备选择完毕画面

（5）单击"添加"，进入模块画面，找到左上角"程序块"单击，选择"Main [OB1]"双击，就可以看到梯形图程序块了，如图 1-1-8 所示。

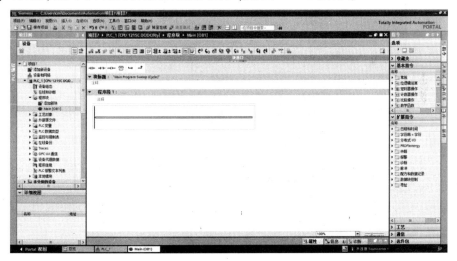

图 1-1-8 TIA Portal V16 软件梯形图画面

七、分析 PLC 控制点动控制线路原理

1. 分析 I/O 分配表

在 PLC 控制的三相交流异步电动机点动控制线路中，输入元器件为起动按钮 SB，输出元器件（受控元器件）为交流接触器 KM 的线圈，输入信号只有 1 个，为其

分配输入地址为 I0.0,输出信号也只需要 1 个,其分配地址为 Q0.0,PLC 控制三相交流异步电动机点动的 I/O 分配表见表 1-1-4。

PLC 控制三相交流异步电动机点动的 I/O 分配表　　表 1-1-4

类　　别	外　接　硬　件			PLC	功　　能
输入	按钮	SB	动合触点	I0.0	点动输入
输出	交流接触器	KM	线圈	Q0.0	点动输出

2. 分析 I/O 接线图

I/O 接线图是 PLC 控制系统设计和装调时最关键的技术资料之一,该图不仅反映了输入输出元器件同 PLC 输入输出地址之间的对应关系,而且反映出了输出元器件电源的连接方式,此外还是 PLC 控制程序设计时选用输入输出寄存器的重要依据。绘制 I/O 接线图时需要注意:输入输出元器件与 PLC 的连接必须同 I/O 分配表分配的地址相对应,PLC 控制三相交流异步电动机点动的 I/O 接线图如图 1-1-9 所示。

图 1-1-9　PLC 控制三相交流异步电动机点动的 I/O 接线图

3. 分析 PLC 程序

PLC 控制三相交流异步电动机点动的 I/O 接线图对应的梯形图如图 1-1-10 所示,该程序的功能是实现电动机点动控制。

图 1-1-10　PLC 控制三相交流异步电动机点动控制梯形图

4. 分析原理图

根据 I/O 分配表、I/O 接线图及 PLC 程序,可以设计出如图 1-1-11 所示的 PLC 控制三相交流异步电动机点动控制线路电气原理图。按下按钮 SB,接触器 KM 线圈得电,主触点闭合,电动机运转;松开按钮 SB,接触器 KM 线圈失电,主触点断开,电动机停转。PLC 控制三相交流异步电动机点动控制线路原理的详细分析请扫码观看视频。

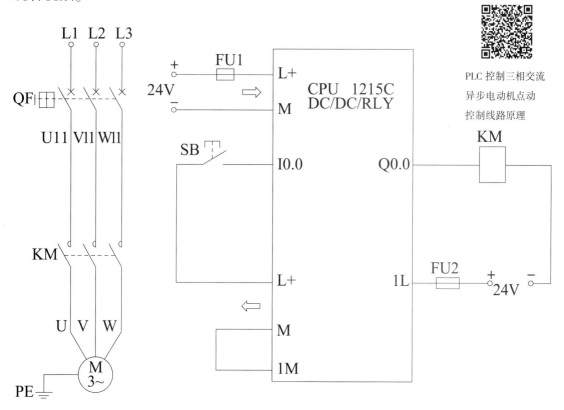

PLC 控制三相交流
异步电动机点动
控制线路原理

图 1-1-11　PLC 控制三相交流异步电动机点动控制线路原理图

任务实施

组态与装调 PLC 控制点动控制线路

组态与装调如图 1-1-11 所示的 PLC 控制三相交流异步电动机点动控制线路。

1. 组态及仿真

参照视频,安装博途软件,设置计算机与 PLC 的通信连接,创建一个新项目,组态设备,按照点动控制的动作要求编写点动控制程序,对所编程序进行仿真演示,确保所编程序无误,参考程序如图 1-1-10 所示。

PLC 控制三相交流异步电动机
点动控制线路的组态与仿真

博途 V16 软件安装及计算机
与 PLC 的通信设置

2. 领取器材

根据器材清单(表1-1-5)中的元器件名称或文字符号领用相应的器材,并用仪表检测元器件,判断其好坏,如元器件有故障,需先进行修复或调换。参照相关元器件实物或其说明书,完成表1-1-5中器材品牌、型号(规格)等相关内容的填写。

器 材 清 单　　　　　　　　表1-1-5

符号	元器件名称	品牌	型　　号	数量	检测	备　　注
PLC	可编程控制器	西门子	CPU1215C DC/DC/RLY	1个		根据实际情况选用型号
QF						
FU1						
FU2						
KM						
SB						
M	电动机					
	开关电源					实训台无直流电源则选用
	冷压端子					
	接线端子排					
	导线					

3. 安装线路

选取必要的工具,参照图1-1-12所示的PLC控制三相交流异步电动机点动控制线路元器件布置参考图及实训场地实际情况,用紧固件将元器件安装在合理位置。在布置元器件时应考虑相同元器件尽量摆放在一起,主线路的相关元器件的安装位置要与其线路图有一定的对应关系,达到布局合理、间距合适、接线方便的要求。元器件安装调整到位后,再根据图1-1-11所示的PLC控制三相交流异步电动机点动控制线路原理图进行接线。

4. 检测硬件线路

PLC控制三相交流异步电动机点动控制线路安装好后,在上电前务必对主线路及PLC的I/O连线进行检测。

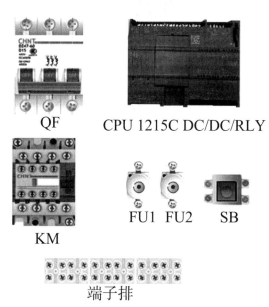

QF　　CPU 1215C DC/DC/RLY

FU1　FU2　SB

KM

端子排

图 1-1-12　PLC 控制三相交流异步电动机点动控制线路元器件布置参考图

主线路的检测:使用万用表欧姆挡分别测量 U11 与 V11、U11 与 W11、V11 与 W11 之间的电阻值,因为此时主电路还没有构成电流通路,如果测得三个电阻值均为无穷大,说明接触器主触点上侧线路没有短路故障,否则就需要在该区域检测短路故障点。然后用螺丝刀压下接触器的触点联动架,再次测量 U11 与 V11、U11 与 W11、V11 与 W11 之间的电阻值,此时接触器主触点闭合使电源端和电动机绕组形成通路,如果测得阻值在几至几十欧姆之间,并且三个阻值基本相等,说明接触器主触点下侧线路连接正确,此时测得的电阻值正是电动机定子绕组的等效电阻。

PLC 的 I/O 连线检测:PLC 的 I/O 连线的检测可分为输入信号的检测及输出信号的检测。对输入信号的检测:将万用表功能选择旋钮打至二极管挡,在断电情况下将万用表两表笔分别放在输入端 I0.0 及 L + ← 端,一边按下按钮 SB 和松开按钮 SB,一边观察万用表显示的通断变化情况,如果按下按钮万用表显示连通,松开按钮万用表显示断开,说明输入信号连接正确。对输出电路的检测:可以将万用表两表笔分别放在 Q0.0 及接触器线圈与 24V 电源的连线端,此时应为接触器 KM 线圈电阻。读取万用表测得的电阻值,如果阻值接近 0,说明输出侧存在短路故障,如果阻值无穷大说明输出侧存在开路故障,如果测得阻值在几百欧姆范围内说明输出线路接线正确,将检测数据记录下来,并分析检测数据是否正常。

将主线路检测数据填入表 1-1-6,并根据检测数据,对主线路进行分析,如果线路异常,需及时查明原因。

将 I/O 连线检测数据填入表 1-1-7,并根据检测数据,对 I/O 连线进行分析,如果 I/O 连线异常,需及时查明原因。

PLC 控制三相交流异步电动机点动控制线路主线路检测数据　表 1-1-6

项目	元器件状态	万用表表笔位置	阻值(Ω)	结果判断	备　注
主电路检测	未压下接触器 KM	U11 与 V11			
		U11 与 W11			
		V11 与 W11			
	压下接触器 KM	U11 与 V11			
		U11 与 W11			
		V11 与 W11			

PLC 控制三相交流异步电动机点动控制线路 I/O 连线检查表　表 1-1-7

输入检测				输出检测			
万用表表笔位置	初始阻值	切换状态后阻值	结果分析	万用表表笔位置	动作	阻值	结果分析
I0.0 与 L+ ←				Q0.0 及接触器线圈与24V 电源的连线端	初始状态		

5. 调试线路

检查接线并分析所测数据无误后,就可以在熔座上安装熔管,合上断路器 QF,接通电源,下载组态及仿真好的项目文件。PLC 的 RUN/STOP 状态指示灯(绿色)常亮,I0.0 和 Q0.0 对应的信号指示灯均熄灭,电动机不转。按下按钮 SB,I0.0 对应的输入信号指示灯点亮,Q0.0 对应的输出指示灯也点亮,电动机应起动并转动;松开按钮 SB,I0.0 对应的输入信号指示灯熄灭,Q0.0 对应的输出指示灯也熄灭,电动机应停转。

注意:若线路不能正常工作,则应先切断电源,排除故障后才能重新上电。

任务总结与评价

参考附录 1PLC 控制三相交流异步电动机点动控制线路的组态与装调评价表,对 PLC 控制的三相交流异步电动机点动控制线路的组态与装调进行评价,并根据学生完成的实际情况进行总结。

任务拓展

西门子 S7—1200 系列 PLC 的型号含义

西门子 S7 系列 PLC 的订货号 6ES7-215-1HG40-0XB0 含义见表 1-1-8。

西门子 PLC 订货号的含义　　　　　表 1-1-8

6ES7	215	1HG40	0XB0
6ES:自动化系统系列	2:200 系列	1:功能等级(数字越大,功能越强)	0XB0:进口产品
7:S7 系列	1:CPU	H:继电器	
	5:功能模块	G:点数	
		40:版本	

S7—1200 系列 PLC 型号含义的具体说明见表 1-1-9。

西门子 S7—1200 系列 PLC 型号的含义说明　　　表 1-1-9

序号	项　　目	含　　义
1	系列	CPU 1211C、CPU 1212C、CPU 1214C、CPU 1215C
2	I/O 总点数	数字量:284,模拟量:51
3	单元类型	CPU；SB-信号板；SM-信号模块；CM-通信模块；PROFINET 接口;I/O 端子连接器
4	输出形式	继电器输出、晶体管输出、晶闸管输出
5	特殊品种区别	DC24V 电源,板载 DI14 × DC24V 漏型/源型,DQ10 继电器及 AI2 和 AQ2;板载 6 个高速计数器和 4 路脉冲输出;信号板扩展板载 I/O;多达 3 个用于串行通信的通信模块 1000;多达 8 个用于 I/O 扩展的信号模块;0.04ms /条指令;2 个 PROFINET 端口,用于编程、HMI 和 PLC 间数据通信

思考与练习

1. 简述 PLC 的工作特点和性能特点。

2. 简述 S7—1200 系列 PLC 外部关键结构的名称和功能。

3. 试分析 PLC 控制三相交流异步电动机点动的 I/O 接线图中 FU 的功能和选

用方法。

4. 试分析 PLC 程序中双线圈的输出结果。

5. 在 PLC 控制三相交流异步电动机点动任务中,需要增加运行状态指示功能:当电动机处于停转状态时,红色指示灯常亮、绿色指示灯熄灭;当电动机处于运转状态时,绿色指示灯常亮、红色指示灯熄灭。设计能够实现上述功能的 I/O 接线图和 PLC 控制程序。

任务二　触摸屏 + PLC + 变频器控制点动控制线路的组态与装调

 **任务目标**

技能目标

(1)能正确使用西门子 KTP700 触摸屏;

(2)能正确使用西门子 KTP700 触摸屏的常用外部接口;

(3)能正确使用合适的 G120 变频器接口宏参数;

(4)能分析触摸屏 + PLC + 变频器控制点动控制线路的 I/O 分配表、I/O 接线图、梯形图、原理图;

(5)能组态与装调触摸屏 + PLC + 变频器控制的三相交流异步电动机点动控制线路。

知识目标

(1)了解西门子 KTP700 触摸屏硬件及外部接口的功能;

(2)熟悉西门子 KTP700 触摸屏位状态的组态方法;

(3)熟悉西门子 G120 变频器操作面板按键作用及常用端子的功能;

(4)熟悉触摸屏 + PLC + 变频器控制的点动控制线路中各电气元器件的作用。

 **必备知识**

一、西门子 KTP700 触摸屏硬件介绍

SIMATIC 是西门子自动化系列产品品牌统称,来源于 SIEMENS + Automatic(西门子 + 自动化)。它诞生于 1958 年,至今已有 60 多年历史,涵盖了从 PLC、工业软件到 HMI,是全球自动化领导品牌。

1. KTP700 的硬件介绍

外形尺寸、结构:西门子 KTP700 是新一代精简面板,按键 + 触摸操作,7in(英寸)6.5 万像素分辨率,集成 Profinet 接口,设备的结构如图 1-2-1 所示。

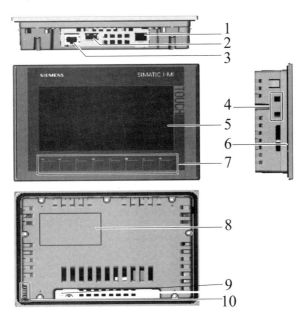

图 1-2-1　KTP700 结构

1-电源接口;2-USB 接口;3-PROFINET 接口;4-装配夹的开口;5-显示屏/触摸屏;6-嵌入式密封件;7-功能键;8-铭牌;9-功能接地的接口;10-标签条导槽(屏幕宽度:154.1mm;屏幕高度:85.9mm)

2. KTP700 的型号和西门子触摸屏类型

西门子新一代嵌入式工业人机界面有 KTP700 Basic PN 和 KTP700 Basic DP 系列。它们的区别主要是:PN 采用 PROFINET 接口,而 DP 采用的是 RS 422/RS 485 接口。西门子新一代 HMI 操作面板可分为四大类:SIMATIC 精简系列面板、SIMATIC 精智面板、SIMATIC 移动式面板、SIMATIC HMI SIPLUS。

二、西门子 KTP700 触摸屏的元件设定

1. 创建触摸屏的画面

(1)首先打开一个工程文件(图 1-2-2),将鼠标移至左下角"单击"Portal 视图,进入画面如图 1-2-3 所示。

(2)选择"HMI",选择一个所需的触摸屏类型,这里我们选择"SIMATIC 精简系列面板、7in 显示屏、KTP700 Basic 的订货号为 6AV2 123-2GB03-0AX0 的触摸屏",如图 1-2-4 所示。

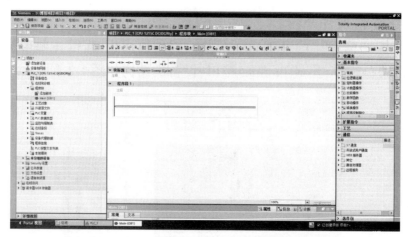

图1-2-2　TIA Portal V16软件梯形图画面

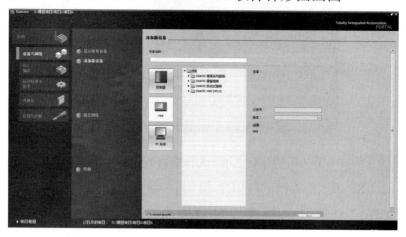

图1-2-3　设备组态画面

图1-2-4　触摸屏订货号画面

(3)单击"添加",在弹出窗口右下角单击"浏览"选择一个与触摸屏进行连接
PLC,单击"完成",设置完成后如图1-2-5所示。

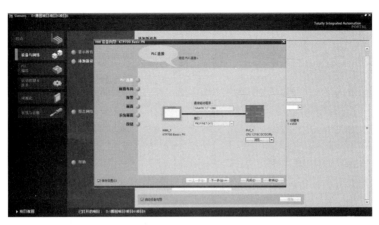

图 1-2-5　触摸屏与 PLC 组态画面

（4）添加一个新的触摸屏画面，单击左下角"画面"，双击"添加新画面"即可，如图 1-2-6 所示。

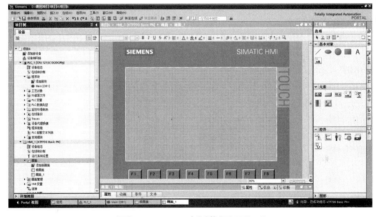

图 1-2-6　触摸屏画面

2. 触摸屏元件的添加

（1）为触摸屏添加一个按钮，将右边圈出的图标拖曳至画面中心，如图 1-2-7 所示。

图 1-2-7　按钮的添加

（2）双击画面中的按钮,修改按钮名字,如图1-2-8所示。

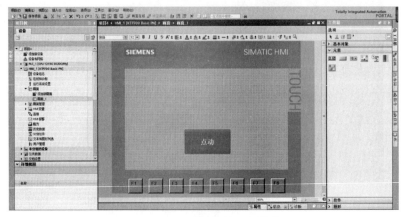

图1-2-8　修改按钮名字

（3）为触摸屏添加一个指示灯,将右边圈出的图标放至画面中心,如图1-2-9所示。

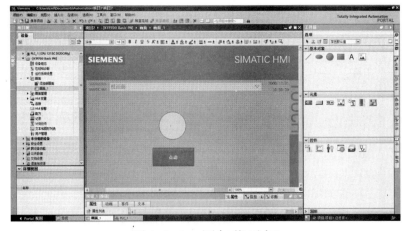

图1-2-9　添加指示灯

3.连接PLC中的变量

（1）右击"点动"按钮,选择"属性",单击"事件"进行函数的添加,如图1-2-10所示。

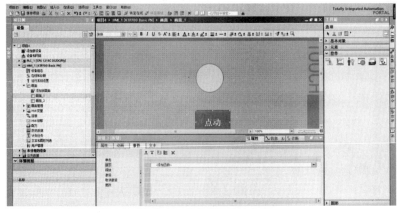

图1-2-10　按钮的属性(事件)

（2）这里可以对按钮进行变量的连接,如图 1-2-11、图 1-2-12 所示。

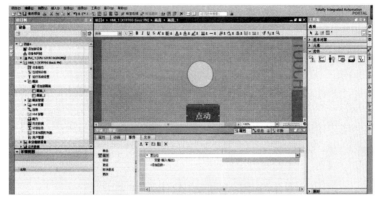

图 1-2-11 按钮按下时变量的连接

注:单击第一行进入选择函数画面,单击"编辑位",选择"置位位"。

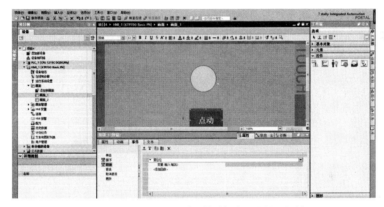

图 1-2-12 按钮复位位变量的连接

注:因为按下是"置位位",所以释放就是"复位位"。

（3）右击指示灯,选择"属性",单击"动画"添加动态化颜色和闪烁,如图 1-2-13 所示,完成以后跳出图 1-2-14 所示画面。

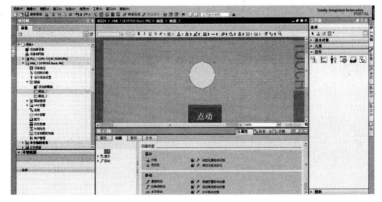

图 1-2-13 圆属性画面

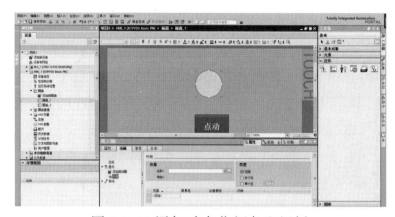

图 1-2-14 添加动态化颜色和闪烁

注:"名称"后可以选择 PLC 中的变量。

(4)为指示灯添加颜色的变化,在范围里分别写入 0 和 1,颜色对应白色与红色,如图 1-2-15 所示。

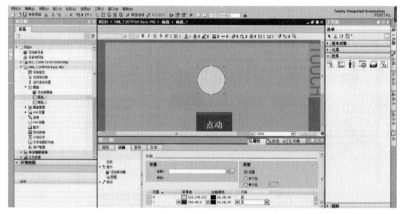

图 1-2-15 添加指示灯颜色

(5)另一个指示灯按照相同的方法进行添加外观,并为它们标注名字,如图 1-2-16 所示。

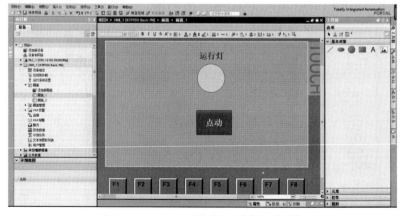

图 1-2-16 标注指示灯的名称

三、西门子 G120 变频器

1. G120 变频器组成

每个 SINAMICS G120 变频器都是由一个控制单元(Control Unit,CU)(图1-2-17)和一个功率模块(Power Module,PM)(图1-2-18)组成,控制单元可以安装两种不同的操作面板,如图1-2-19所示,操作面板可分为:BOP(基本操作面板)和 IOP(智能操作面板)。SINAMICS G120 的功率模块包括 PM230、PM240 和 PM250。功率模块根据其功率的不同,可以分为不同的尺寸类型:编号从 FSA 到 FSF。其中 FS 表示"模块尺寸",A 到 F 代表功率的大小(依次递增)。

图 1-2-17 控制单元

图 1-2-18 功率模块

图 1-2-19 操作面板

2. 基本操作面板 BOP-2 按键的含义

基本操作面板用于在变频器与控制面板连接后设置变频器参数及监测变频器状态,基本操作面板 BOP-2(图1-2-20)上按键含义见表1-2-1。

在西门子 G120 变频器在现场最多的时候采用 BOP 面板进行操作,下面就介绍一下基本操作面板 BOP-2 在 G120 变频器上的作用,面板上显示文字含义为:MONITORING:选择显示值;CONTROL:控制电动机;DIAGNOS:诊断,应答故障;PARAMS:修改设置;SETUP:基本调度;EXTRAS:复位,备份。

图 1-2-20 基本操作面板 BOP-2

操作面板上按键含义 表 1-2-1

按键	功 能 描 述
OK	(1)菜单选择时,表示确认所选的菜单项; (2)当参数选择时,表示确认所选的参数和其值的设置,并返回上一级画面; (3)在故障诊断画面,使用该按键可以清楚故障信息

按键	功　能　描　述
ESC	（1）若按该按键 2s 以下，表示返回上一级菜单，或表示不保存所修改的参数值； （2）若按该按键 3s 以上，将返回监控画面； 注意：在参数修改模式 1 下，按键表示不保存所修改的参数值，除非之前已经按过 OK
HAND AUTO	BOP(HAND)与总线或端子(AUTO)的切换按钮。 （1）在"HAND"模式下，按下该键，切换到"AUTO"模式。电动机起动与电动机停止按钮将不起作用，若自动模式的起动命令在，变频器自动切换到"AUTO"模式下的速度给定值； （2）在"AUTO"模式下，按下该键，切换到"HAND"模式。电动机起动与电动机停止按钮将不起作用。切换到"HAND"模式时，速度设定值保持不变。 注意：在电动机运行期间可以实现"HAND"和"AUTO"模式的切换
○	（1）在"AUTO"模式下，该按键不起作用； （2）在"HAND"模式下，若连续按 2 次，将"OFF2"自由停车； （3）在"HAND"模式下，若按下 1 次，将"OFF1"自由停车，即按 P1121 的下降时间停车
I	（1）在"AUTO"模式下，该按键不起作用； （2）在"HAND"模式下，表示起动/点动命令
▲	（1）在菜单选择时，表示返回上一级的画面； （2）当参数修改时，表示改变参数号或参数值； （3）在"HAND"模式下，点动运行方式下，长时间同时按 ▲ 与 ▼ 可以实现以下功能： ①若在正向运行状态下，则将切换到反向运行状态； ②若在反向运行状态下，则将切换到正向运行状态
▼	（1）在菜单选择时，表示进入下一级的画面； （2）当参数修改时，表示改变参数号或参数值

3. 控制单元 CU250S-2PN 型号的含义

图 1-2-21 所示是 CU250S-2PN 控制单元外观图,属于 CU250 系列控制单元。CU250S-2PN 含义如下:

(1)CU:Control Unit 的缩写,表示【控制单元】。

(2)250:系列号。

(3)S:高级型。其他类型包括 B(基本型)、E(经济型)、T(工艺型)、P(风机水泵型)。

(4)2:表示 SINAMICS 开发平台。若名称中没有"2"则表示 MicroMaster 开发平台。

(5)PN:支持 ProfiNet 总线。其他类型包括 HVAC(USS,Modbus-RTU)、DP(Procfbus-DP 总线)、IP(Ethernet-IP 协议)、DEV(DeviceNet 总线)、CAN(CANopen 协议)。

如果控制单元集成了故障安全功能示意图,则会在名称后面加上"F",例如:CU250S-2PN-F。

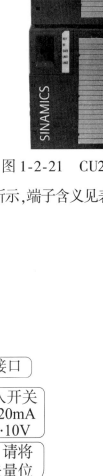

图 1-2-21 CU250S-2PN

4. 控制单元 CU250S-2PN 接口以及端子含义

控制单元 CU250S-2PN 接口以及接口含义如图 1-2-22 所示,端子含义见表 1-2-2。

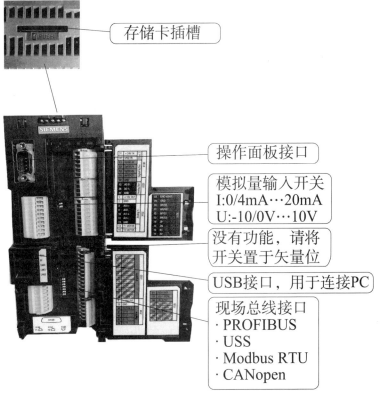

存储卡插槽

操作面板接口

模拟量输入开关
I:0/4mA…20mA
U:-10/0V…10V

没有功能,请将
开关置于矢量位

USB接口,用于连接PC

现场总线接口
· PROFIBUS
· USS
· Modbus RTU
· CANopen

图 1-2-22 CU250S-2PN 接口以及接口含义

CU250S-2PN 变频器端子含义　　　　表 1-2-2

示 意 图	端　　　子	含　　　义
	DI 0 ~ DI 6	输入端子
	DI COM 1	DI 0、DI 2、DI 4、DI 6 的参考电位
	DI 1 −、DI 3 −、DI 5 −	DI 1 +、DI 3 +、DI5 + 的参考电位
	+24V OUT	24V 输出电源
	GND	参考电位
	DI 16 ~ DI 19	输入端子
	DI COM 3	DI 16 ~ DI 19 的参考电位
	DO 0 ~ DO 2	输出端子
	DO 0 COM ~ DO 2 COM	输出端子公共端
	+24V IN	输入外部电源
	GND IN	基于端子 31 的参考电位
	DI 24 ~ DI 27/DO 24 ~ DO 27	数字量输入输出
	GND	基于端子 51 ~ 54 的参考电位
	AO 0 ~ AO 1	模拟量输出
	GND	基于端子 12、26 的参考电位
	+10V OUT	内部电源
	GND	基于端子 1 的参考电位

续上表

示意图	端　子	含　义
3 AI 0+ 4 AI 0- 10 AI 1+ 11 AI 1- 13 GND	AI 0 + AI 0 - / AI 1 + AI 1 -	模拟量输入
	GND	参考电位
14 T1 MOTOR 15 T2 MOTOR	T1 MOTOR/ T2 MOTOR	温度传感器(PTC、PT1000、KTY84、双金属)
33 ENC+OUT 79 GND 70 AP/S2 71 AN/S4 72 BP/S1 73 BN/S3 74 ZP 75 ZN 76 R1 77 R2	ENC + OUT	用于 HTL 编码器电源
	GND	参考电位
	AP/S2	HTL 编码器的通道 A +/旋转变压器的正弦信号 +
	AN/S4	HTL 编码器的通道 A -/旋转变压器的正弦信号 -
	BP/S1	HTL 编码器的通道 B +/旋转变压器的余弦信号 +
	BN/S3	HTL 编码器的通道 B -/旋转变压器的余弦信号 -
	ZP	HTL 编码器的零信号 +
	ZN	HTL 编码器的零信号 -
	R1	旋转变压器励磁 +
	R2	旋转变压器励磁 -

5. 预定义接口宏

西门子 G120 变频器为满足不同的接口定义提供了多种预定义接口宏,每种宏对应着一种接线方式。选择其中一种宏后变频器会自动设置与其接线方式相对应的一些参数,这样极大方便了用户的快速调试。在选用宏功能时请注意以下两点:

(1)如果其中一种宏定义的接口方式完全符合你的应用,那么按照该宏的接线方式设计原理图,并在调试时选择相应的宏功能即可方便地实现控制要求。

(2)如果所有宏定义的接口方式都不能完全符合你的应用,那么请选择与你的布线比较相近的接口宏,然后根据需要来调整输入/输出的配置。

注意:宏定义的模拟量输入类型为 -10 ~ +10V 电压输入,模拟量输出类型为

0～20mA 电流输出,通过参数可修改模拟量信号的类型。

6.接口宏2-单方向两个固定转速预留安全功能

G120 型变频器控制单元 CU250S－2PN 接口宏2接线图如图 1-2-23 所示。

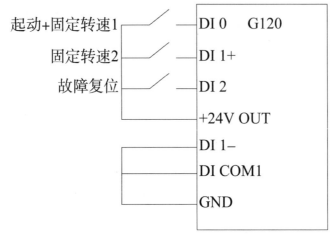

起动+固定转速1 —— DI 0 　G120

固定转速2 —— DI 1+

故障复位 —— DI 2

+24V OUT

DI 1－

DI COM1

GND

图 1-2-23　接口宏2接线图

起停控制:电动机的起停通过数字量输入 D0 控制。

速度调节:转速通过数字量输入选择,可以设置两个固定转速,数字量输入 DI0 接通选择固定转速 1,数字量输入 DI1 接通时选择固定转速 2。多个 DI 同时接通将多个固定转速相加。P1001 参数设置固定转速 1,P1002 参数设置固定转速 2。

注意:DI0 同时作为起停命令和固定转速 1 选择命令,也就是任何时刻固定转速 1 都会被选择。

四、分析触摸屏＋PLC＋变频器端子控制点动控制线路原理

1.分析 I/O 分配表

触摸屏＋PLC＋变频器端子控制三相交流异步电动机点动控制的 I/O 分配表见表 1-2-3。

触摸屏＋PLC＋变频器控制三相交流异步电动机
点动控制的 I/O 分配表　　　　　表 1-2-3

类　　别	外 接 硬 件		PLC	功　　能
输入	触摸屏	点动按钮	M0.0	点动控制
输出	触摸屏	运行指示灯	M1.0	正转指示
	变频器	DI0	Q0.0	电动机正转

2. 分析 I/O 接线图

图 1-2-24 所示为触摸屏＋PLC＋变频器端子控制三相交流异步电动机点动的 I/O 接线图,在触摸屏上设计了点动控制功能按钮。

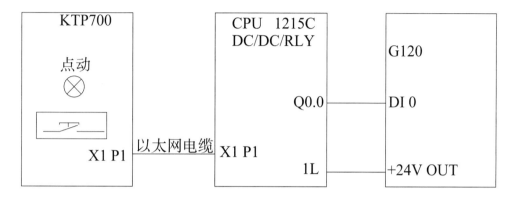

图 1-2-24　触摸屏＋PLC＋变频器端子控制三相交流异步
电动机点动的 I/O 接线图

3. 分析 PLC 程序

图 1-2-25 所示为触摸屏＋PLC＋变频器端子控制三相交流异步电动机点动的梯形图,该程序能通过触摸屏实现电动机点动控制功能,使用触摸屏上点动按钮进行点动控制。通过触摸屏上的运行灯能反映出电动机的运行状态。

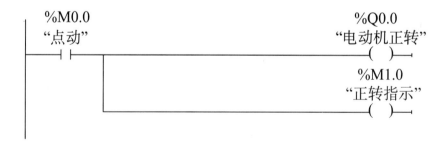

图 1-2-25　控制电动机点动梯形图

触摸屏的点动按钮关联 PLC 上位存储器里的 M0.0,变频器的端子 DI0 连接上 PLC 的输出映像寄存器里的 Q0.0,当按下点动按钮时,M0.0 接通,M0.0 的动合触点使 Q0.0、M1.0 的值变为 1;若松开点动按钮,M0.0 断开,M0.0 的动合触点使 Q0.0、M1.0 的值变为 0。

4. 分析原理图

根据 I/O 分配表、I/O 接线图及 PLC 程序,可以设计出如图 1-2-26 所示的触摸屏＋PLC＋变频器端子控制点动控制线路电气原理图。按下触摸屏上的点动按钮,电动机运转,松开触摸屏上的点动按钮,电动机停转。触摸屏＋PLC＋变频器端子控制点动控制线路原理的详细分析请扫码观看视频。

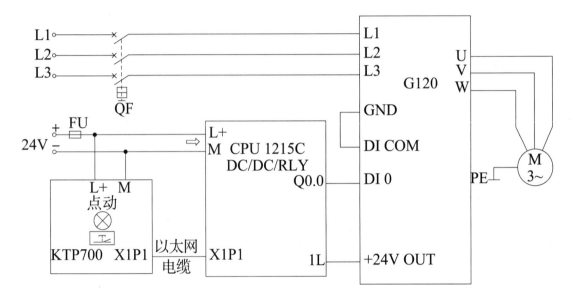

图 1-2-26　触摸屏＋PLC＋变频器端子控制点动控制线路原理图

任务实施

组态与装调触摸屏＋PLC＋变频器端子控制点动控制线路

组态与装调如图 1-2-26 触摸屏＋PLC＋变频器端子控制点动控制线路。

1. 组态及仿真

参照视频,创建一个新项目,组态设备,按照点动控制的动作要求编写点动控制程序,对所编程序进行仿真演示,确保所编程序无误,参考程序如图 1-2-23 所示。

触摸屏＋PLC＋变频器端子控制三相交流异步电动机点动控制线路原理

2. 领取器材

根据器材清单(表 1-2-4)中的元器件名称或文字符号领用相应的器材,并用仪表检测元器件,判断其好坏,如元器件有故障,需先进行修复或调换。参照相关元器件实物或其说明书,完成表 1-2-4 中器材品牌、型号(规格)等相关内容的填写。

触摸屏＋PLC＋变频器端子控制三相交流异步电动机点动控制线路的组态与仿真

触摸屏 + PLC + 变频器控制的三相交流异步电动机
点动控制线路器材清单

表 1-2-4

符号	元器件名称	品牌	型　　号	数量	检测	备　　注
PLC	可编程控制器	西门子	CPU1215C DC/DC/RLY	1 个		根据实际情况选用型号
QF	断路器					
FU	熔断器					
M	三相异步电动机					
G120	变频器					
HMI	触摸屏					
	开关电源					如果实训台无高质量直流电源
	低压断路器					
	冷压端子					
	接线端子排					
	导线					

3. 安装线路

选取必要的工具,参照图 1-2-27 所示的元器件布置参考图及实训场地实际情况,用紧固件将元器件安装在合理位置,再根据图 1-2-26 所示的触摸屏 + PLC + 变频器控制三相交流异步电动机点动控制线路原理图进行接线。

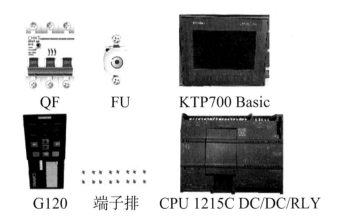

QF　　　FU　　　KTP700 Basic

G120　　端子排　　CPU 1215C DC/DC/RLY

图 1-2-27　触摸屏 + PLC + 变频器端子控制三相交流异步电动机点动控制
　　　　　线路元器件布置参考图

4.检测硬件线路

触摸屏+PLC+变频器控制三相交流异步电动机点动控制线路安装好后,在上电前务必对接线及I/O连线进行检测,需特别注意各器件的电压等级。另外,还需要检查触摸屏X1 P1接口、PLC的X1 P1接口以太网电缆连接是否牢固,以及PLC与变频器端子之间的接线是否牢固。

5.设置变频器功能参数

检查接线并分析所测数据无误后,就可以在熔座上安装熔管,闭合断路器QF,接通电源,按如下步骤设置变频器相关参数:

(1)选择"EXTRAS"菜单下的"DRVRESET",按下"OK"键,激活恢复出厂设置,激活后BOP-2会显示"BUSY",复位完成后BOP-2会显示"DONE"。

(2)在面板中选择"SETUP",按下"OK"按键,设置如表1-2-5的参数。

变频器参数的设定以及说明 表1-2-5

变频器参数	设　定　值	说　　明
P0304	380	电动机额定电压(V)
P0305	0.63	电动机额定电流(A)
P0307	0.18	电动机额定功率(kW)
P0311	1400	电动机额定转速(r/min)
P1080	0	电动机的最小转速
P1120	2	电动机的加速时间(s)
P1121	2	电动机的减速时间(s)

(3)设置完以上参数后选择"FINISH",然后点击"YES",最后按下"OK"键。

(4)进行静态优化,把变频器的U、V、W接到电动机上,按下"HANDAUTO"切换到手动状态,按下BOP-2的起动按钮,此时变频器起动有嗡嗡声但电动机不起动,静态优化完成后,变频器停止响声。

(5)设置宏接口参数,选择"PARAMS",按下"OK"键,修改"P10"为1(此时才可以设置宏接口),然后在宏设置"P15"中选择2(宏程序2),再把P10改为0(否则电动机无法起动),再去设置电动机转速(表1-2-6),"P1001"为固定转速1,设置为1500。"P1002"为固定转速2,可以设置也可以不设置。

宏程序2的电动机转速参数 表1-2-6

参　　数	设　定　值	功　　能
P1001	1500	固定转速1(r/min)
P1002	1500	固定转速2(r/min)

6.调试线路

下载组态及仿真好的项目文件,按下触摸屏上起动按钮后,变频器开始工作,电动机以变频器设定转速进行运转。

 任务总结与评价

参考附录2中PLC控制三相交流异步电动机点动控制线路的组态与装调评价表,对触摸屏+PLC+变频器控制三相交流异步电动机点动控制线路的组态与装调进行评价,并根据学生完成的实际情况进行总结。

 任务拓展

触摸屏+PLC+变频器PROFINET PZD通信控制点动控制线路

设置宏接口参数,选择"PARAMS",按下"OK"键,修改"P10"为1(此时才可以设置宏接口),然后在宏设置"P15"里选择7(宏程序7),再把P10改为0。

参照分析图1-2-26触摸屏+PLC+变频器端子控制点动控制线路原理的原理图,对相关电路图进行修改。

1.在博途中添加G120设备

(1)双击"设备和网络",进入网络视图页面,在硬件目录"其他现场设备"中PROFINET IO > Drives > Siemens AG > SINAMICS 找到 SINAMICS G120 CU250S-2 PN Vector V4.7,如图1-2-28所示。

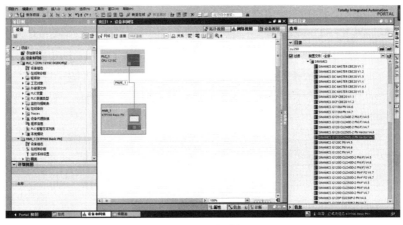

图1-2-28 硬件目录

(2)将选中的模块拖曳到网络视图空白处,如图1-2-29所示。

(3)单击蓝色提示"未分配"以插入站点,选择主站"PLC_1.PROFINET接口_1",完成与IO控制器的网络连接,系统自动为其分配io地址,如图1-2-30所示。

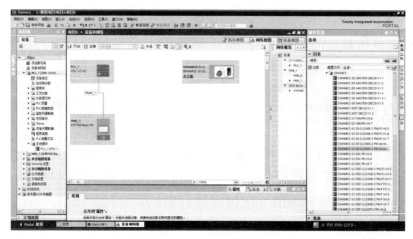

图 1-2-29　网络视图

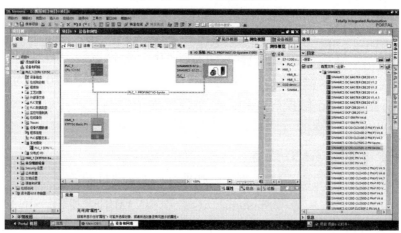

图 1-2-30　添加 G120

2. 添加 G120 的通信方式

(1)双击"设备和网络",进入设备视图页面,如图 1-2-31 所示。

图 1-2-31　设备视图

(2)将硬件目录中"子模块"打开,找到"标准报文1,将PZD-2/2"模块拖曳到"设备概览"视图的插槽中。可以看到标准报文1的输入地址和输出地址,如图1-2-32所示。

图1-2-32　组态与CU250S-2 PN通信报文

3.分析I/O分配表

触摸屏 + PLC + 变频器通信控制三相交流异步电动机点动控制的 I/O 分配表见表1-2-7。

触摸屏 + PLC + 变频器通信控制三相交流异步电动机

点动控制的 I/O 分配表　　　　　表1-2-7

类　　别	外 接 硬 件		PLC	功　　能
输入	触摸屏	点动按钮	M0.0	起动控制
输出	变频器	047F(十六进制)正转	QW68	电动机方向
		047E(十六进制)停止	QW70	电动机转速
	触摸屏	起动指示灯	M1.0	正转指示

4.分析I/O接线图

图1-2-33 所示为触摸屏 + PLC + 变频器通信控制点动控制线路 I/O 接线图,在触摸屏上设计了点动控制按钮及运行、停止指示灯。

图1-2-33　触摸屏 + PLC + 变频器通信控制点动控制线路 I/O 接线图

5. 分析 PLC 程序

图 1-2-34 所示为触摸屏 + PLC + 变频器通信控制三相交流异步电动机点动的梯形图,该程序能通过触摸屏实现电动机点动控制功能,使用触摸屏上起动进行点动控制。

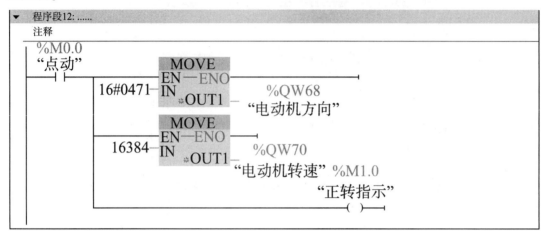

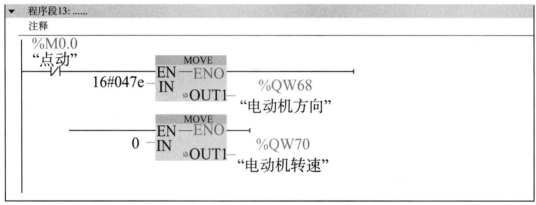

图 1-2-34　控制电动机点动梯形图

点动按钮连接 PLC 上辅助继电器 M0.0,当按下点动按钮时,利用梯形图的传送指令将变频器起动控制字 16#047F 和十进制数 16384(对应电动机 100% 速度)发送给变频器,若松开点动按钮则利用梯形图的传送指令将变频器停止控制字 16#047E 发送给变频器。

6. 分析原理图

根据 I/O 分配表、I/O 接线图及 PLC 程序,可以设计出如图 1-2-35 所示的触摸屏 + PLC + 变频器通信控制点动控制线路电气原理图。按下触摸屏上点动按钮,变频器接收到起动信号,电动机运转,松开触摸屏上点动按钮,变频器接收到停止信号,电动机停转。触摸屏 + PLC + 变频器通信控制点动控制线路的详细分析请扫码观看视频。

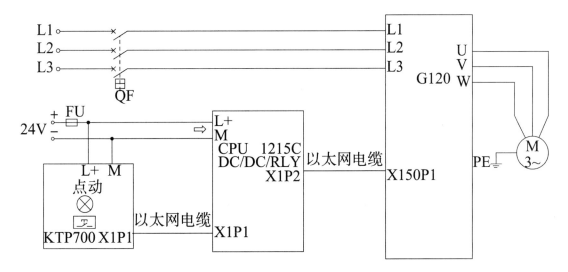

图 1-2-35 触摸屏 + PLC + 变频器通信控制点动控制线路原理图

触摸屏 + PLC + 变频器通信控制三相
交流异步电动机点动控制线路原理

触摸屏 + PLC + 变频器通信控制三相
交流异步电动机点动控制线路的组态
与仿真

思考与练习

设计 PLC + 变频器控制 1 台三相交流异步电动机的点动控制线路,要求能两地控制三相交流异步电动机,一处用触摸屏实现,另外一处用按钮来实现。

(1)设计 I/O 分配表。

(2)设计 I/O 接线图。

(3)设计 PLC 控制程序。

(4)设计电气原理图。

项目二　TIA 博途组态连续控制线路

项目概述

许多机床设备(如刨床、铣床等)主轴运行时要求电动机连续运行,其电气控制线路是典型的电动机连续运行控制线路。

本项目先对传统的接触器控制连续控制线路进行回顾,再分别对 PLC 控制连续控制线路的组态与装调、触摸屏 + PLC + 变频器控制连续控制线路的组态与装调进行学习。达到能用触摸屏、PLC、变频器改造连续控制线路的目的。

分析三相交流异步电动机接触器控制连续控制线路原理

三相交流异步电动机接触器控制的连续控制线路原理图如图 2-0-1 所示,闭合断路器接通电源,按下按钮 SB2 电动机运转,按下按钮 SB1 电动机停转,该线路的工作原理及具体动作过程如下。

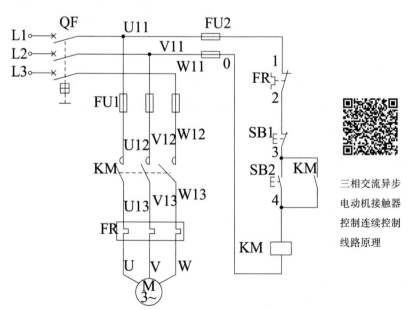

图 2-0-1　三相交流异步电动机接触器控制连续控制线路原理图

连续运行过程：

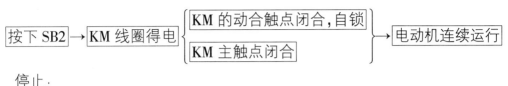

停止：

任务一　PLC 控制连续控制线路的组态与装调

任务目标

技能目标

(1)能分析 PLC 控制常动控制线路 I/O 分配表、I/O 接线图、梯形图、原理图；

(2)能组态与装调 PLC 控制的三相交流异步电动机连续控制线路。

知识目标

(1)熟悉 PLC 硬件组成及软件系统；

(2)认识触点串联、并联指令；

(3)熟悉 PLC 控制的连续控制线路中各电气元器件的作用。

必备知识

一、S7—1200 PLC 的硬件结构

1. CPU 模块

S7—1200 的 CPU 模块将微型处理器、电源、数字量输入/输出电路、模拟量输入/输出电路、PROFINET 以太网接口、高速运动控制功能组合到一个设计紧凑的外壳中。每块 CPU 内可以安装一块信号板，安装以后不会改变 CPU 的外形和体积。

微型处理器相当于人的大脑和心脏，它不断地采集输入信号，执行用户程序，刷新系统的输出，储存器用来储存程序和数据。

S7—1200 集成的 PROFINET 接口用于与编程计算机、HMI(人机界面)、其他

PLC 或其他设备通信。此外它还通过开放的以太网协议支持与第三方设备的通信。

2. 信号模块

输入(Input)模块和输出(Output)模块简称为 I/O 模块,数字量(又称开关量)输入模块和数字量输出模块简称为 DI 模块和 DO 模块,模拟量输入模块和模拟量输出模块简称 AI 模块和 AO 模块,简称 SM。

信号模块安装在 CPU 模块的右边,扩展能力最强的 CPU 可以扩展 8 个信号模块,以增加数字量和模拟量输入、输出点。

信号模块是系统的眼、耳、手、脚,是联系外部现场设备和 CPU 的桥梁。输入模块用来接收和采集输入信号,数字量输入模块用来接收从按钮、选择开关、数字拨码开关、限位开关、接近开关、光电开关、压力继电器等传来的数字量输入信号。模拟量输入模块用来接收电位器、测速发电机和各种变送器提供的连续变化的模拟量电流、电压信号,或者直接接收热电阻、热电偶提供的温度信号。

数字量输出模块用来控制接触器、电磁阀、电磁铁、指示灯、数字显示装置和报警装置等输出设备,模拟量输出模块用来控制电动调节阀、变频器等执行器。

CPU 模块内部的工作电压一般是 DC5V,而 PLC 的外部输入/输出信号电压一般较高,例如 DC24V 或 AC220V。从外部引入的尖峰电压和干扰噪声可能损坏 CPU 中的元器件,或使 PLC 不能正常工作。在信号模块中,用光耦合器、光敏晶闸管、小型继电器等器件来隔离 PLC 的内部电路和外部输入、输出电路。信号模块除了传递信号外,还有电平转换与隔离的作用。

3. 通信模块

通信模块安装在 CPU 模块的左边,最多可以添加 3 块通信模块,可以使用点对点通信模块、PROFIBUS 模块、工业远程通信模块、AS-i 接口模块和 IO-Link 模块。

二、数据类型

1. 基本数据类型

PLC 的软件包括系统监控程序和用户程序两大部分。系统监控程序是由 PLC 的生产厂家编制的,用于控制 PLC 的运行,包括管理程序、用户指令解释程序、标准程序模块和系统调用三个部分。用户程序又称用户软件、应用软件等,是 PLC 的使用者编制的针对控制问题的程序。

2. 复杂数据类型

PLC 常用的编程语言有:梯形图语言、指令表(助记符)语言、功能块图语言、结构文本等,其中梯形图语言和指令表(助记符)语言为常用的编程语言。

（1）梯形图语言。

梯形图语言是在继电器控制线路的基础上，简化了符号演变而来。它具有形象、直观、实用、电气技术人员容易接受理解等特点，是目前用得最多的一种PLC编程语言。

（2）指令表（助记符）语言。

基本指令语句的基本格式包括地址（或步序）、助记符、操作元件等部分。

（3）功能块图。

功能块图类似于数字逻辑电路中的编程语言，用类似与门、或门等方框图来表示逻辑运算关系。对于有数字电路基础的人来说比较容易掌握。方框左侧为逻辑运算的输入变量，右侧为逻辑运算的输出变量，输入、输出端的小圆圈表示"非"运算。用"导线"把方框连接起来，信号从左向右流动。

（4）结构文本。

与PASCAL、BASIC、C语言等高级语言语法结构相似，便于实现数学运算、数据处理、图形显示、报表打印等功能。

三、触点串联指令（AND/ANI）

AND（与指令）、ANI（与非指令）指令分别用于单个动合、动断触点的串联（表2-1-1），串联触点的数量不受限制，该指令可以连续多次使用。

AND、ANI 指令　　　　　　　　表2-1-1

助记符,名称	功　　能	回　路　表　示	可用软元件
AND　与	动合触点串联连接	%I0.0　%I0.1　　　　　%Q0.0 "Tag_1" "Tag_2"　　　　"Tag_3" ┤├──┤├────────( )┤	I、Q、M、D、L
ANI　与非	动断触点串联连接	%I0.0　%I0.1　　　　　%Q0.0 "Tag_1" "Tag_2"　　　　"Tag_3" ┤├──┤/├────────( )┤	I、Q、M、D、L

AND（与指令）用于动合触点的串联。

ANI（与非指令）用于动断触点的串联。

四、触点并联指令（OR/ORI）

OR（或）、ORI（或非）指令分别用于单个动合、动断触点的并联（表2-1-2），并联触点的数量不受限制，该指令可以连续多次使用。

OR、ORI 指令　　　　　　　　　　表 2-1-2

助记符,名称	功　能	回　路　表　示	可用软元件
OR　或	动合触点 并联连接	%I0.0 "Tag_1" ── %Q0.0 "Tag_3" ( ) %I0.1 "Tag_2"	I、Q、M、D、L
ORI 或非	动断触点 并联连接	%I0.0 "Tag_1" ── %Q0.0 "Tag_3" ( ) %I0.1 "Tag_2"	I、Q、M、D、L

OR(或)用于动合触点的并联。

ORI(或非)用于动断触点的并联。

五、分析 PLC 控制连续控制线路原理

1. 分析 I/O 分配表

在 PLC 控制的三相交流异步电动机连续运转控制线路中,停止信号及热继电器信号在硬件上虽然可以使用动合信号,但在工程应用中,建议使用动断信号,这样在元器件或其回路发生故障时可以第一时间(起动时)发现故障,而不让设备带故障运行。PLC 控制三相交流异步电动机连续控制的 I/O 分配表见表 2-1-3。

PLC 控制三相交流异步电动机连续控制的 I/O 分配表　表 2-1-3

类　　别	外　接　硬　件			PLC	功　　能
输入	按钮	SB1	动断	I0.0	停止
		SB2	动合	I0.1	起动
	热继电器	FR	动断	I0.2	过载保护
输出	接触器	KM	线圈	Q0.0	运行

2. 分析 I/O 接线图

图 2-1-1 所示为 PLC 控制三相交流异步电动机连续控制的 I/O 接线图,实现三相交流异步电动机连续、停止的控制。

3. 分析 PLC 程序

PLC 控制三相交流异步电动机连续控制的 I/O 接线图对应的梯形图如图 2-1-2 所示,该程序的功能是实现电动机连续控制。

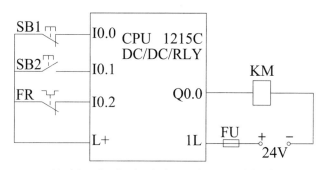

图 2-1-1　PLC 控制三相交流异步电动机连续控制的 I/O 接线图

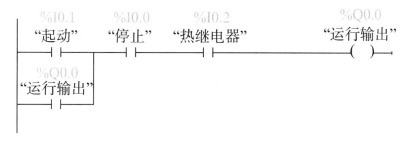

图 2-1-2　PLC 控制三相交流异步电动机连续控制梯形图

4. 分析原理图

根据 I/O 分配表、I/O 接线图及 PLC 程序,可以设计出如图 2-1-3 所示的 PLC 控制三相交流异步电动机连续控制线路的电气原理图。更详细的 PLC 控制三相交流异步电动机连续控制线路原理的分析请扫码观看视频。

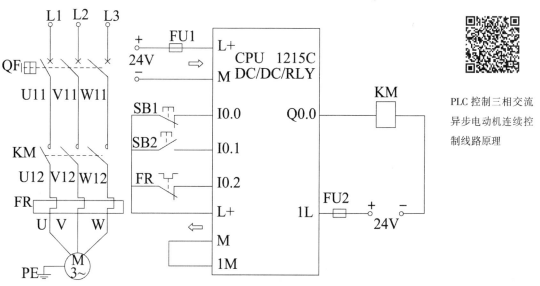

PLC 控制三相交流异步电动机连续控制线路原理

图 2-1-3　PLC 控制三相交流异步电动机连续控制线路原理图

任务实施

组态与装调 PLC 控制连续控制线路

组态与装调如图 2-1-3 所示的 PLC 控制三相交流异步电动机连续控制线路。

1. 组态及仿真

参照视频,安装博途软件,设置计算机与 PLC 的通信,创建一个新项目,组态设备,按照连续控制的动作要求编写常动控制程序,对所编程序进行仿真演示,确保所编程序无误,参考程序如图 2-1-2 所示。

2. 领取器材

根据器材清单(表 2-1-4)中的元器件名称或图形符号领用相应的器材,并用仪表检测元器件,判断其好坏,如元器件有故障,需先进行修复或更换。参照相关元器件实物或其说明书,完成器材清单表中器材品牌、型号(规格)等相关内容的填写。

器 材 清 单　　　　　　　　表 2-1-4

符号	元器件名称	品牌	型　　号	数量	检测	备　　注
PLC	可编程控制器			1个		根据实训室配置填写
QF	空气开关					
FU1	熔断器					
FU2	熔断器					
FU3	熔断器					
KM	交流接触器					
SB1	按钮					
SB2	按钮					
FR	热继电器					
M	电动机					
	冷压端子					
	接线端子排					
	导线					

3. 安装线路

参照图 2-1-4 所示的 PLC 控制三相交流异步电动机连续控制线路元器件布置参考图及实训场地实际情况,用紧固件将元器件安装在合理位置。在布置元器件时应考虑相同元器件尽量摆放在一起,主电路的相关元器件的安装位置要与其电路图有一定的对应关系,达到布局合理、间距合适、接线方便的要求。元器件安装调整到位后,再根据图 2-1-3 所示的 PLC 控制三相交流异步电动机连续控制线路电气原理图进行接线。

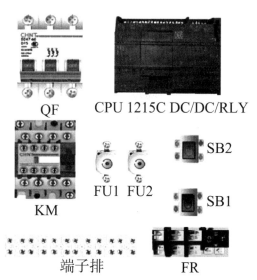

QF　　CPU 1215C DC/DC/RLY

SB2

FU1　FU2

SB1

KM

端子排　　　　FR

图 2-1-4　PLC 控制三相交流异步电动机连续控制线路元器件布置参考图

将主电路检测数据填入表 2-1-5,并根据检测数据,对主电路进行分析,如果电路异常,需及时查明原因。

4. 检测硬件线路

PLC 控制三相交流异步电动机连续控制线路安装好后,在上电前务必对主线路及 PLC 的 I/O 连线进行检测。

主电路检查:先分别测量 U11 与 V11、U11 与 W11、V11 与 W11 之间电阻,正常阻值应为无穷大。当用螺丝刀压下接触器触点架后万用表应显示电动机定子绕组的阻值。

PLC 的 I/O 连线的检测可分为输入信号的检测及输出信号的检测。对输入信号进行检测:将万用表两表笔分别放在 PLC 要检测的输入端及 L + ← 两端,分别按下按钮、热继电器复位按钮等输入信号,看输入信号在万用表上显示的通断变化情况。对输出电路的检测:拆下控制电路熔断器 FU3 熔管,可以将万用表两表笔分别放在 Q0.0 及 FU2 端子,此时应为接触器 KM 线圈电阻。将检测数据记录下来,并分析检测数据是否正常。

PLC 控制三相交流异步电动机连续控制线路主电路检测数据　　表 2-1-5

项目	元器件状态	万用表表笔位置	阻值(Ω)	结果判断	备注
主电路检测	未压下接触器 KM 触点架	U11 与 V11			
		U11 与 W11			
		V11 与 W11			

续上表

项目	元器件状态	万用表表笔位置	阻值(Ω)	结果判断	备注
主电路检测	压下接触器 KM 触点架	U11 与 V11			
		U11 与 W11			
		V11 与 W11			

将 I/O 连线检测数据填入表 2-1-6,并根据检测数据,对 I/O 连线进行分析,如果 I/O 连线异常,需及时查明原因。

PLC 控制三相交流异步电动机连续控制线路 I/O 连线检查表　表 2-1-6

输 入 检 测				输 出 检 测			
万用表表笔位置	初始阻值	切换状态后阻值	结果分析	万用表表笔位置	动作	阻值	结果分析
I0.0 与 L + ←				Q0.0 与 FU3	初始状态		
I0.1 与 L + ←							
I0.2 与 L + ←							

5. 调试线路

检查接线并分析所测数据无误及程序下载完成后,就可以在熔座上安装熔管,合上断路器 QF,接通交流电源,此时电动机不转。按下连续运行按钮,电动机应起动,松开连续按钮,电动机继续运行;按下停止按钮或热继电器测试按钮,电动机应停转。若电路不能正常工作,则应先切断电源,排除故障后才能重新上电。

 任务总结与评价

参考附录 1 中 PLC 控制三相交流异步电动机控制线路的组态与装调评价表,对 PLC 控制三相交流异步电动机连续控制线路的组态与装调进行评价,并根据学生完成的实际情况进行总结。

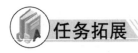 **任务拓展**

置位与复位指令实现三相交流异步电动机连续控制

1. 置位/复位指令 SET/RST

置位(SET)与复位(RST)指令见表 2-1-7。

置位指令(SET)的作用是使被操作的目标元件置位并保持。

复位指令(RST)的作用是使被操作的目标元件复位并保持清零状态。

置位(SET)与复位(RST)指令　　　　　表2-1-7

助记符,名称	功　能	回　路　表　示	可用软元件
SET 置位	动作保持	%I0.0　　　　　　　　　　　　　%Q0.0 "Tag_1"　　　　　　　　　　　 "Tag_2" ├──┤ ├──────────────(S)	I、Q、M、D、L
RST 复位	消除动作保持,当前值及寄存器清零	%I0.0　　　　　　　　　　　　　%Q0.0 "Tag_1"　　　　　　　　　　　 "Tag_2" ├──┤ ├──────────────(R)	I、Q、M、D、L

2.SET、RST 指令的使用说明

SET:使用"置位输出"指令,可将指定操作数的信号状态置位为"1"。仅当线圈输入的逻辑运算结果（RLO）为"1"时,才执行该指令。如果信号流通过线圈（RLO ="1"）,则指定的操作数置位为"1"。如果线圈输入的 RLO 为"0"(没有信号流通过线圈),则指定操作数的信号状态将保持不变。

RST:可以使用"复位输出"指令将指定操作数的信号状态复位为"0"。仅当线圈输入的逻辑运算结果（RLO）为"1"时,才执行该指令。如果信号流通过线圈（RLO ="1"）,则指定的操作数复位为"0"。如果线圈输入的 RLO 为"0"(没有信号流通过线圈),则指定操作数的信号状态将保持不变。

思考与练习

1. 如图 2-1-3 所示 PLC 控制三相交流异步电动机连续控制线路原理图,如果停止按钮在硬件上使用动合触点,试编写其对应的梯形图。

2. PLC 控制三相交流异步电动机连续运转控制线路中,若图 2-1-2 PLC 控制三相交流异步电动机连续控制梯形图中没有 Q0.0 动合触点,会有什么现象?

任务二 触摸屏 + PLC + 变频器控制连续控制线路的组态与装调

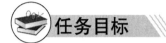 **任务目标**

技能目标

(1)能分析触摸屏 + PLC + 变频器控制的连续运行的 I/O 分配表、I/O 接线图、梯形图、原理图;

(2)能组态与装调触摸屏 + PLC + 变频器控制的三相交流异步电动机连续控制线路。

知识目标

熟悉触摸屏 + PLC + 变频器控制的连续控制线路中各电气元器件的作用。

 必备知识

分析触摸屏 + PLC + 变频器端子控制连续控制线路原理

1. 分析 I/O 分配表

触摸屏 + PLC + 变频器端子控制三相交流异步电动机连续控制的 I/O 分配表见表 2-2-1。

触摸屏 + PLC + 变频器控制三相交流异步电动机

连续控制的 I/O 分配表 表 2-2-1

类　别		外接硬件		PLC	功　能
输入	触摸屏	SB1	复归型软按键	M0.0	起动控制
		SB2	复归型软按键	M0.1	停止控制
输出	触摸屏	HL1	位状态指示灯	M0.3	停止指示
		HL2	位状态指示灯	M0.4	运行指示
	变频器	STF	连续运行信号端子	Q0.0	运行

2. 分析 I/O 接线图

图 2-2-1 所示为触摸屏 + PLC + 变频器端子控制三相交流异步电动机连续控制 I/O 接线图,在触摸屏上设计了起动、停止功能及电动机运行状态指示。

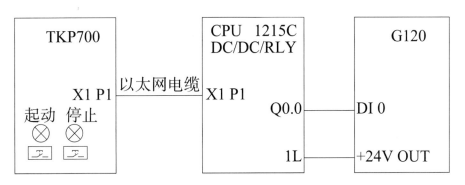

图 2-2-1 触摸屏+PLC+变频器端子控制三相交流异步电动机连续控制 I/O 接线图

3. 分析 PLC 程序

图 2-2-2 所示为触摸屏+PLC+变频器控制三相交流异步电动机连续控制的梯形图,该程序能通过触摸屏实现电动机连续控制功能,使用触摸屏上起动按钮进行连续控制。通过触摸屏上的停止灯和运行灯能反映出电动机的运行状态。

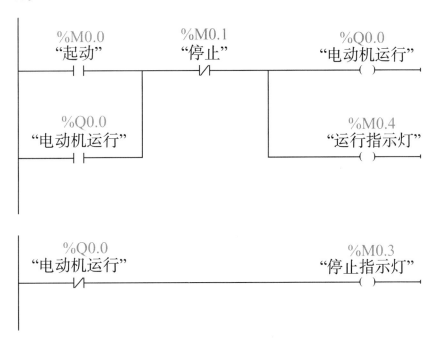

图 2-2-2 控制电动机连续运行梯形图

按下起动按钮,电动机连续运行,运行指示灯亮。按下停止按钮,电动机停止运行,停止指示灯亮。

触摸屏的起动按钮关联 PLC 上位存储器里的 M0.0,停止按钮关联 PLC 上位存储器里的 M0.1,变频器的端子 DI0 连接 PLC 的输出映像寄存器里的 Q0.0。当按下起动按钮时,M0.0 接通,M0.0 的动合触点使 Q0.0、M0.4 的值变为 1,Q0.0 的动合触点闭合,达到自锁的作用,保证在释放起动按钮 M0.0 后,仍能给线圈 Q0.0 持续供电,实现连续控制;同时 Q0.0 的动断触点断开,停止指示灯 M0.3 的值变为 0;当按下停止按钮 M0.1 时,M0.1 动断触点断开,使 Q0.0、M0.4 的值变为 0,同时 Q0.0 的动断触点闭合使 M0.3 的值变为 1。

4. 分析原理图

根据 I/O 分配表、I/O 接线图及 PLC 程序,可以设计出如图 2-2-3 所示的触摸屏 + PLC + 变频器控制三相交流异步电动机连续控制线路的电气原理图。按下并释放触摸屏上的起动按钮,电动机运转,按下并释放触摸屏上的停止按钮,电动机停转。

触摸屏 + PLC + 变频器端子控制三相交流异步电动机连续控制线路原理

更详细的触摸屏 + PLC + 变频器控制三相交流异步电动机连续控制线路原理的分析请扫码观看视频。

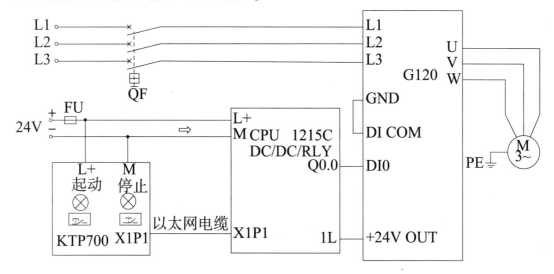

图 2-2-3　触摸屏 + PLC + 变频器控制三相交流异步电动机连续控制线路原理图

任务实施

组态与装调触摸屏 + PLC + 变频器控制连续控制线路

组态与装调如图 2-2-3 所示触摸屏 + PLC + 变频器控制三相交流异步电动机连续控制线路。

触摸屏 + PLC + 变频器端子控制三相交流异步电动机连续控制线路的组态与仿真

1. 组态及仿真

参照视频,创建一个新项目,组态设备,按照连续控制的动作要求编写连续控制程序,对所编程序进行仿真演示,确保所编程序无误,参考程序如图 2-2-2 所示。

2. 领取器材

根据器材清单(表2-2-2)中的元器件名称或文字符号领用相应的器材,并用仪表检测元器件,判断其好坏,如元器件有故障,需先进行修复或更换。参照相关元器件实物或其说明书,完成 表2-2-2 中器材品牌、型号(规格)等相关内容的填写。

触摸屏 + PLC + 变频器控制三相交流异步电动机连续控制线路器材清单   表2-2-2

符号	元器件名称	品牌	型　　号	数量	检测	备　　注
PLC	可编程控制器	西门子	CPU1215C DC/DC/RLY	1个		根据实训室配置填写
FU	熔断器					
M	三相异步电动机					
G120	变频器					
HMI	触摸屏					
	冷压端子					
	接线端子排					
	导线					
QF	低压断路器					

3. 安装线路

参照图2-2-4所示的元器件布置参考图及实训场地实际情况,用紧固件将元器件安装在合理位置,再根据图2-2-3所示的触摸屏 + PLC + 变频器控制三相交流异步电动机连续控制线路原理图进行接线。

4. 检测硬件线路

触摸屏 + PLC + 变频器控制三相交流异步电动机连续控制线路安装好后,在上电前务必对接线及 I/O 连线进行检测,需特别注意各器件的电压等级。另外,还需要检查触摸屏 + PLC 的通信连接是否牢固。

5. 设置变频器功能参数

接通变频器工作电源,先将变频器参数恢复出厂设置,再按表2-2-3所示三相交流异步电动机连续控制线路变频器参数表去设置变频器的相关参数。

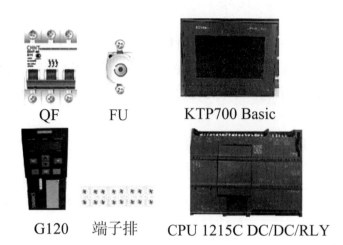

图 2-2-4　触摸屏＋PLC＋变频器控制三相交流异步电动机连续
控制线路布置参考图

三相交流异步电动机连续控制线路变频器参数　　表 2-2-3

变频器参数	设 定 值	说　明
P0304	380	电动机额定电压(380V)
P0305	0.63	电动机额定电流(0.63A)
P0307	0.18	电动机额定功率(0.18kW)
P0311	1400	电动机额定转速(1400r/min)
P1080	15	最低频率(15Hz)
P1082	50	最高频率(50Hz)
P1120	5	电动机的加速时间(2s)
P1121	0.1	电动机的减速时间(2s)

6. 调试线路

检查接线及程序下载完成后,就可以在熔座上安装熔管,接通交流电源,此时电动机不转。按下复归型软按键 SB1,电动机应起动运行,触摸屏上的运行指示灯点亮;按下复归型软按键 SB2,电动机停止运行,运行指示灯熄灭,停止指示灯点亮。若线路不能正常工作,则应先切断电源,排除故障后才能重新上电。若要调整电动机的运行速度,可改变下限频率 P2 的设定值。

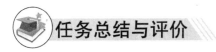 **任务总结与评价**

参考附录2：触摸屏＋PLC＋变频器控制三相交流异步电动机控制线路的组态与装调评价表，对触摸屏＋PLC＋变频器控制的三相交流异步电动机连续控制线路的组态与装调进行评价，并根据学生完成的实际情况进行总结。

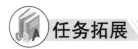 **任务拓展**

触摸屏＋PLC＋变频器PROFINET PZD通信控制连续控制线路

1. 分析 I/O 分配表

触摸屏＋PLC＋变频器通信控制三相交流异步电动机连续控制的 I/O 分配表见表2-2-4。

触摸屏＋PLC＋变频器通信控制三相交流异步电动机
连续控制的 I/O 分配表　　　　　　表 2-2-4

类别	外接硬件		PLC	功　　能
输入	触摸屏	停止按钮	M0.0	停止
		运行按钮	M0.1	运行
		设定频率	MW10	转速
输出	变频器	16#047E	QW64	电动机停止
		16#047F	QW64	电动机运行
		MW10	QW66	电动机额定转速预设值

2. 分析 I/O 接线图

图2-2-5 所示为触摸屏＋PLC＋变频器通信控制三相交流异步电动机连续控制线路 I/O 接线图，在触摸屏上设计了起动、停止控制按钮及指示灯。

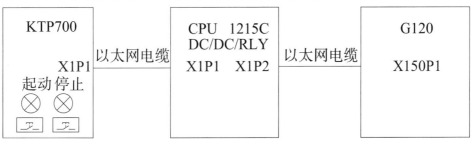

图2-2-5　触摸屏＋PLC＋变频器通信控制三相交流异步电动机连续
控制线路 I/O 接线图

3. 分析 PLC 程序

图 2-2-6 所示为触摸屏 + PLC + 变频器通信控制三相交流异步电动机连续控制线路的梯形图,该程序能通过触摸屏实现电动机连续控制功能,使用触摸屏上起动进行连续控制。

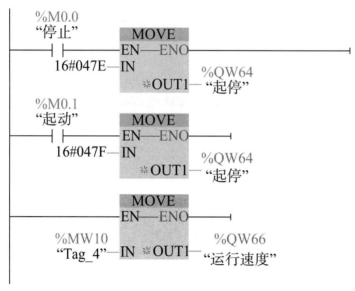

图 2-2-6　控制电动机连续运行梯形图

起动按钮连接 PLC 上辅助继电器 M0.1,当按下起动按钮时,利用梯形图的传送指令将变频器起动控制字 16#047F 和 MW10(电动机转速预设值)发送给变频器,电动机连续运行,运行指示灯点亮;当按下停止按钮则利用梯形图的传送指令将变频器停止控制字 16#047E 发送给变频器,电动机停止运行,停止指示灯点亮。

4. 分析原理图

根据 I/O 分配表、I/O 接线图及 PLC 程序,可以设计出如图 2-2-7 所示的触摸屏 + PLC + 变频器通信控制连续控制线路电气原理图。按下触摸屏上运行按钮,变频器接收到起动信号,电动机连续运转,按下触摸屏上停止按钮,变频器接收到停止信号,电动机停转。触摸屏 + PLC + 变频器通信控制常动控制线路的详细分析请扫码观看视频。

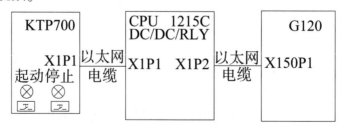

图 2-2-7　触摸屏 + PLC + 变频器通信控制连续控制线路电气原理图

触摸屏＋PLC＋变频器通信控制三相
交流异步电动机连续控制线路原理

触摸屏＋PLC＋变频器通信控制三相
交流异步电动机连续控制线路的
组态与仿真

思考与练习

设计三相交流异步电动机连续运行 PLC 控制线路,要求能两地控制三相交流异步电动机的起动和停止,一处用按钮实现,另一处用触摸屏实现,任何一处都能实现电动机的起动、停止控制。

(1)设计 I/O 分配表。

(2)设计 I/O 接线图。

(3)设计 PLC 控制程序。

(4)设计电气原理图。

项目三　TIA 博途组态点动与连续混合控制线路

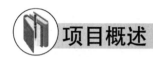项目概述

　　许多机床设备(如刨床、铣床等)调整刀架、刀具及工件的相对位置时,往往需要对电动机实行点动控制,而设备正常运行时又要求电动机连续运行,其电气控制线路就是典型的电动机点动与连续混合控制线路。

　　本项目先对传统的接触器控制点动与连续混合控制线路进行回顾,再分别对 PLC 控制点动与连续混合控制线路的组态与装调、触摸屏 + PLC + 变频器控制点动与连续混合控制线路的组态与装调进行学习。

知识回顾

分析接触器控制点动与连续混合控制线路

　　三相交流异步电动机接触器控制点动与连续混合控制线路原理图如图 3-0-1 所示,合上断路器 QF,接通电源,即可操作电动机点动或连续运行,控制线路的动作过程如下。

　　点动运行过程:

按下 SB3 → KM 线圈得电 → KM 主触点闭合 → 电动机运行

松开 SB3 → KM 线圈失电 → KM 主触点断开 → 电动机停转

连续运行过程:

→ 电动机连续运行

停止过程：

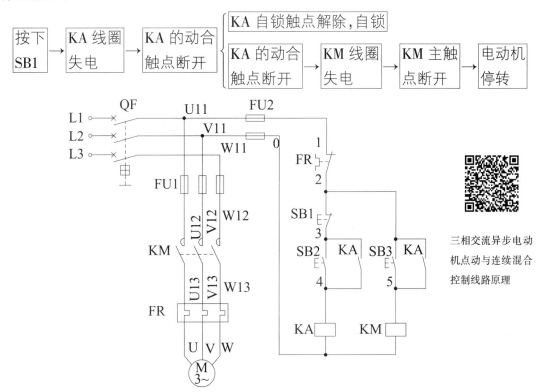

图 3-0-1　接触器控制的点动与连续混合控制线路

任务一　PLC 控制点动与连续混合控制线路的组态与装调

 **任务目标**

技能目标

（1）能分析 PLC 控制的点动与连续混合控制的 I/O 分配表、I/O 接线图、梯形图、原理图；

（2）能组态与装调 PLC 控制的三相交流异步电动机点动与连续混合控制线路；

（3）能设置系统存储器和时钟储存器。

知识目标

（1）熟悉辅助继电器 M 的特点、命名、分类；

（2）熟悉 PLC 控制的点动与连续控制线路中各电气元器件的作用。

必备知识

一、博图软件中特殊继电器认识和设置

辅助继电器不能直接驱动外部负载,负载只能由输出继电器的外部触点驱动。辅助继电器的动合与动断触点在PLC内部编程时可无限次使用。

1. 辅助继电器

西门子S7—1200 CPU 1215C 系列PLC辅助继电器有8192个字节。辅助继电器在PLC运行时,如果电源突然失电,则全部线圈均OFF。当电源再次接通时,除了因外部输入信号而变为ON的以外,其余的仍将保持OFF状态,没有断电保护功能。辅助继电器常在逻辑运算中作为辅助运算、状态暂存、移位等,如图3-1-1所示。

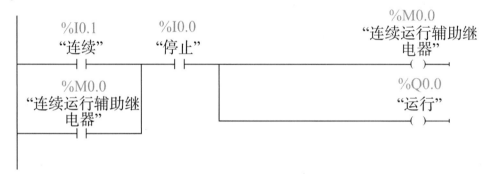

图 3-1-1　通用辅助继电器的状态暂存应用

2. 系统存储器设置

系统存储器是带有指定值的系统存储器,分配系统存储器参数时,需要指定要用作系统存储器字节的 CPU 存储器字节。

（1）右击"项目树"中的"PLC_1",找到属性选项并单击,如图3-1-2所示

（2）在常规中找到"系统和时钟存储器"单击勾选"启用系统存储器字节",单击"确定"完成系统存储器的设置,如图3-1-3所示。

3. 时钟存储器设置

时钟存储器是按1:1占空比周期性改变二进制状态的位存储器。分配时钟存储器参数时,需要指定要用作时钟存储器字节的 CPU 存储器字节。

图 3-1-2　PLC 属性选项

（1）右击"项目树"中的"PLC_1"，找到属性选项并单击，如图3-1-4所示。

图3-1-3　启用系统存储器字节

图3-1-4　PLC属性选项

（2）在常规中找到"系统和时钟存储器"，并单击勾选"启用时钟存储器字节"，单击"确定"完成时钟存储器的设置，如图3-1-5所示。

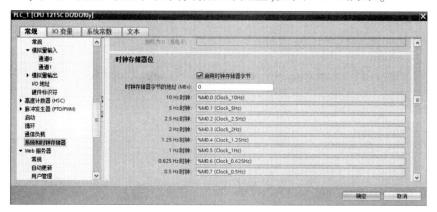

系统存储器及时钟
存储器设置

图3-1-5　启用时钟存储器字节

二、不含接口参数的 FC 块

无接口参数的 FC 块是一个可以将若干程序指令放在一起的程序块。整个项目中允许建立多个 FC 块,每个 FC 块可以取一个符号名,但不能重名。同时每一个 FC 块都有一个编号,编号也不能重复。在调用和书写该 FC 块的时候,可以写该 FC 块符号名,也可以写字母『FC』,然后在其后方加上该 FC 块的编号,如 FC1、FC2、FC3 等。

通常,一套 PLC 程序调用的指令较多。如果将所有指令全部写在主程序 (OB1) 中,程序过于杂乱,不易于调试和编辑,并且一个程序块(包括 OB 块、FC 块、FB 块)本身也有程序大小的上限限制,所以,在实际编程中,通常会把程序按照功能或者控制区域划分为若干组,并为每组建立一个 FC 块,将该组程序放在 FC 块中。在 OB1 中以此调用各个 FC 块,就完成了整个程序的调用和执行。

对于一个 FC 块,可以进行嵌套调用,即在 FC 块中再调用另一个 FC 块,允许嵌套的层数根据不同的 CPU 并不相同。如果一个 FC 块没有被任何 OB 块调用(或被间接嵌套调用),那么该 FC 块中的程序将不会运行。

假设在某台实训设备上,有两台电动机,每台电动机有单独的起停控制按钮(仅控制传送带往一个方向),运行程序如图 3-1-6 所示。

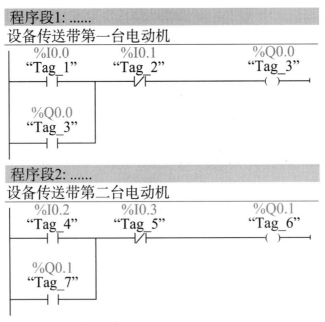

图 3-1-6　两台电动机控制程序示例

如果实训室有 100 台这样的设备,并采用 PLC 进行集中控制,如果不采用 FC 块,就要在 OB1 中写 100 台设备的程序,如图 3-1-7 所示。

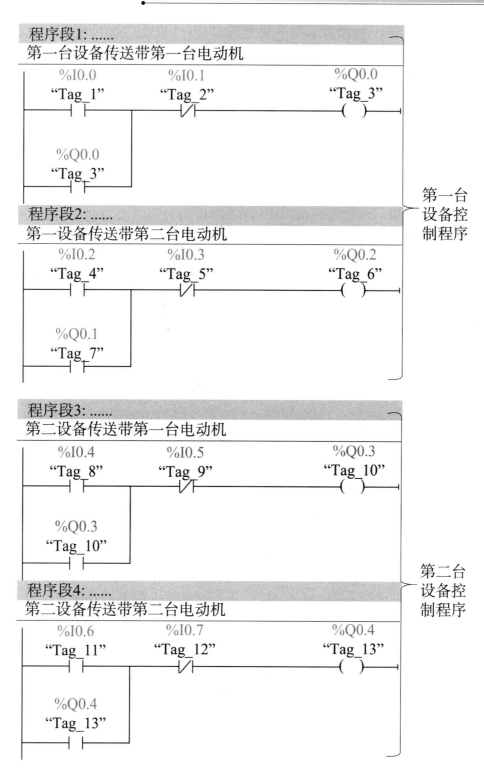

…类推至第100台设备的控制

图 3-1-7 不使用 FC 块时实训室控制程序示例

在实际的程序中,并没有后方的大括号标注,需要很仔细的辨别,并且在每个 Network 上添加详细注释,才能够看清楚哪几个 Network 是控制哪条生产线的。如果使用 FC 块,整个程序就会变得更加清晰。我们在项目中建立 100 个 FC 块,起名为 FC1,FC2,…,FC100,然后将相应生产线的程序放在相应编号的 FC 块中,最后在 OB1 中统一调用各个 FC 块,如图 3-1-8 所示。

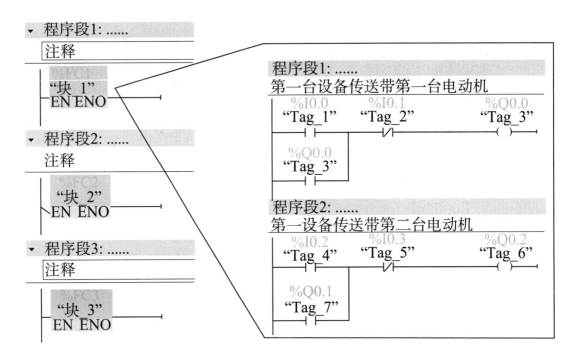

…依次类推,调用值FC100（Conveyor #100）

图 3-1-8　实训室 100 台设备集中控制程序示例

从图 3-1-8 中可以看出,使用 FC 块进行分段后,整个程序的结构变得清晰明了。

编写与调用不含接口参数的 FC 块

三、分析 PLC 控制点动与连续混合控制线路原理

1.分析 I/O 分配表

PLC 控制三相交流异步电动机点动与连续混合控制的 I/O 分配表见表 3-1-1。

**PLC 控制三相交流异步电动机点动
与连续混合控制的 I/O 分配表**　　表 3-1-1

类　别	外　接　硬　件			PLC	功　能
输入	按钮	SB1	动断	I0.0	停止
		SB2	动合	I0.1	连续
		SB3	动合	I0.2	点动
	热继电器	FR	动断	I0.3	过载保护
输出	接触器	KM	线圈	Q0.0	运行

2. 分析 I/O 接线图

图 3-1-9 所示为 PLC 控制三相交流异步电动机点动与连续控制的 I/O 接线图,实现三相交流异步电动机点动、连续、停止的控制。

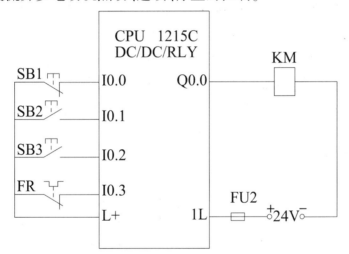

图 3-1-9　PLC 控制三相交流异步电动机点动与连续控制的 I/O 接线图

3. 分析 PLC 程序

如图 3-1-10 所示的 PLC 控制三相交流异步电动机点动与连续控制的 I/O 接线图,该程序能使电动机实现点动—连续控制功能。

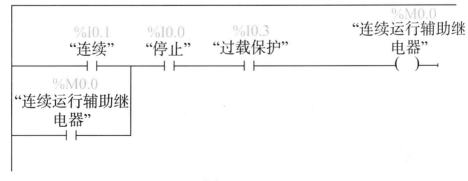

图　3-1-10

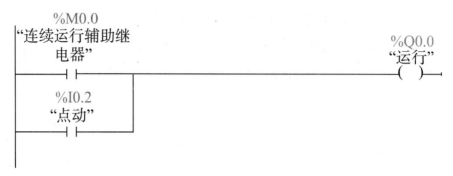

图 3-1-10　电动机点动与连续混合控制

4. 分析原理图

根据 I/O 分配表、I/O 接线图及 PLC 程序,可以设计出如图 3-1-11 所示的 PLC 控制三相交流异步电动机点动与连续混合控制线路的电气原理图。按下按钮 SB2,辅助继电器 M0.0 线圈得电,辅助继电器闭合,接触器 KM 线圈得电,主触点闭合,电动机运转。松开按钮 SB2,按下按钮 SB1,辅助继电器 M0.0 线圈失电,辅助继电器断开,接触器 KM 线圈失电,主触点断开,电动机停转。按下按钮 SB3,接触器 KM 线圈得电,主触点闭合,电动机运转,松开按钮 SB3,接触器 KM 线圈失电,主触点断开,电动机停转。

PLC 控制三相交流异步电动机点动与连续混合控制 I/O 线路原理

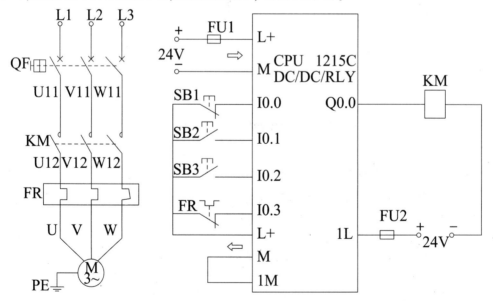

图 3-1-11　PLC 控制三相交流异步电动机点动与连续混合控制线路电气原理图

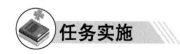 **任务实施**

组态与装调 PLC 控制点动与连续混合控制线路

组态与装调如图 3-1-11 所示的 PLC 控制三相交流异步电动机点动与连续混合控制线路。

1. 领取器材

根据器材清单(表 3-1-2)中的元器件名称或图形符号领用相应的器材,并用仪表检测元器件,判断其好坏,如元器件有故障,需先进行修复或更换。参照相关元器件实物或其说明书,完成表 3-1-2 中器材品牌、型号(规格)等相关内容的填写。

器 材 清 单　　　　　　　　　　　　　表 3-1-2

符号	元器件名称	品牌	型　　　号	数量	检测	备　　注
PLC	可编程控制器	西门子	CPU1215C DC/DC/RLY	1个		根据实际情况选用型号
QF	断路器			1个		
FU1	熔断器			1个		
FU2	熔断器			1个		
KM	接触器			1个		
SB1	按钮开关			1个		
SB2	按钮开关			1个		
SB3	按钮开关			1个		
FR	热继电器			1个		
M	电动机					
	冷压端子					
	接线端子排					
	导线					

2. 安装线路

选取必要的工具,参照图 3-1-12 所示的 PLC 控制三相交流异步电动机点动与连续混合控制线路元器件布置参考图及实训场地实际情况,用紧固件将元器件安装在合理位置。在布置元器件时应考虑相同元器件尽量摆放在一起,主电路的相关元器件的安装位置要与其线路图有一定的对应关系,达到布局合理、间距合适、接线方便的要求。元器件安装调整到位后,再根据图 3-1-11 所示的 PLC 控制三相交流异步电动机点动与连续混合控制线路电气原理图进行接线。

3. 检测硬件线路

PLC 的 I/O 连线检测:PLC 的 I/O 连线的检测可分为输入信号的检测及输出信号的检测。对输入信号的检测:将万用表功能选择旋钮打至二极管挡,在断电情况下将万用表两表笔分别放在输入端 I0.0 及 L + ◀端、I0.1 及 L + ◀端、I0.2 及

L+ ←端,一边按下按钮和松开按钮,一边观察万用表显示的通断变化情况,如果按下按钮万用表显示接通,松开按钮万用表显示断开,说明输入信号连接正确。对输出电路的检测:可以将万用表两表笔分别放在 Q0.0 及接触器线圈与 24V 电源的连线端,此时应为接触器 KM 线圈电阻。读取万用表测得的电阻值,如果阻值接近零欧姆说明输出侧存在短路故障,如果阻值为无穷大说明输出侧存在开路故障,如果测得阻值在几百欧姆范围内说明输出线路接线正确。将检测数据记录下来,并分析检测数据是否正常。

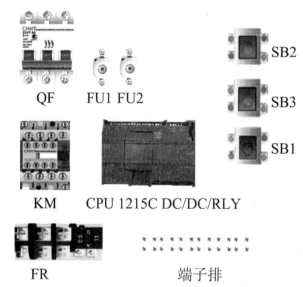

QF   FU1 FU2   SB2

SB3

SB1

KM   CPU 1215C DC/DC/RLY

FR   端子排

图 3-1-12　PLC 控制三相交流异步电动机点动与连续混合控制线路
　　　　　　元器件布置参考图

　　将主电路检测数据填入表 3-1-3,并根据检测数据,对主电路进行分析,如果电路异常,需及时查明原因。

PLC 控制三相交流异步电动机点动
与连续控制线路主线路检测数据　　　　　　　表 3-1-3

项目	元器件状态	万用表表笔位置	阻值(Ω)	结果判断	备注
主电路检测	未压下接触器 KM 触点架	U11 与 V11			
		U11 与 W11			
		V11 与 W11			
	压下接触器 KM 触点架	U11 与 V11			
		U11 与 W11			
		V11 与 W11			

将 I/O 连线检测数据填入表 3-1-4,并根据检测数据,对 I/O 连线进行分析,如果 I/O 连线异常,需及时查明原因。

PLC 控制三相交流异步电动机点动与连续混合控制线路 I/O 连线检查表

表 3-1-4

输 入 检 测				输 出 检 测			
万用表 表笔位置	初始 阻值	切换状态 后阻值	结果 分析	万用表 表笔位置	动作	阻值	结果 分析
I0.0 与 L + ←				Q0.0 与及 接触器线圈与 24V 电源的连 线端	初始 状态		
I0.1 与 L + ←							
I0.2 与 L + ←							
I0.3 与 L + ←							

4. 组态及仿真

打开编程软件,编写三相交流异步电动机点动与连续混合控制程序,按照点动与连续混合控制的动作要求对所编程序进行仿真演示,确保所编程序无误后,下载程序至 PLC 中。参考程序如图 3-1-10 所示。

5. 调试线路

PLC 控制三相交流异步电动机点动与连续混合控制的组态与仿真

检查接线并分析所测数据无误及程序下载完成后,就可以在熔座上安装熔管,合上断路器 QF,接通交流电源,此时电动机不转。按下点动按钮,电动机应起动,松开点动按钮,电动机停转;按下连续按钮,电动机应起动,松开连续按钮,电动机继续运行;按下停止按钮或热继电器测试按钮,电动机应停转。若电路不能正常工作,则应先切断电源,排除故障后才能重新上电。

任务总结与评价

参考附录 1:PLC 控制三相交流异步电动机控制线路的组态与装调评价表,对

PLC 控制三相交流异步电动机点动与连续混合控制线路的组态与装调进行评价，并根据学生完成的实际情况进行总结。

思考与练习

1. 简述 PLC 的分类。

2. 简述 PLC 的应用。

3. 简述辅助继电器 M 的分类及相关特点。

4. 如果不使用辅助继电器 M 能否实现点动与连续混合控制？

5. 简述 FC 模块的特点。

6. 使用 FC 块完成按下 SB1 时，按下 SB2 使电动机运行；松开 SB1 时，按下 SB3 使电动机运行。

任务二　触摸屏＋PLC＋变频器控制点动与连续混合控制线路的组态与装调

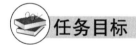 **任务目标**

技能目标

（1）能分析触摸屏＋PLC＋变频器控制点动与连续混合控制的 I/O 分配表、I/O 接线图、梯形图、原理图；

（2）能组态与装调触摸屏＋PLC＋变频器控制的三相交流异步电动机点动与连续混合控制线路。

知识目标

（1）熟悉变频器的结构和原理；

（2）熟悉触摸屏＋PLC＋变频器端子控制的点动与连续混合控制线路中各电气元器件的作用。

 **必备知识**

分析触摸屏＋PLC＋变频器端子控制点动与连续混合控制线路原理

1. 分析 I/O 分配表

触摸屏＋PLC＋变频器控制点动与连续混合控制的 I/O 分配表见表 3-2-1。

触摸屏 + PLC + 变频器控制点动与连续混合控制的 I/O 分配表 表 3-2-1

类　　别	外 接 硬 件		PLC	功　　能
输入	触摸屏	停止按钮	M1.0	停止
	触摸屏	点动按钮	M1.1	点动控制
	触摸屏	常动按钮	M1.2	常动控制
输出	触摸屏	停止灯	M2.0	停止指示
	触摸屏	点动灯	M2.1	点动指示
	触摸屏	常动灯	M2.2	常动指示
	变频器	DIO	Q0.0	正转

2. 分析 I/O 接线图

图 3-2-1 所示为触摸屏 + PLC + 变频器控制点动与连续混合控制的 I/O 接线图，在触摸屏上设计了点动、常动、停止按钮及电动机运行状态指示。

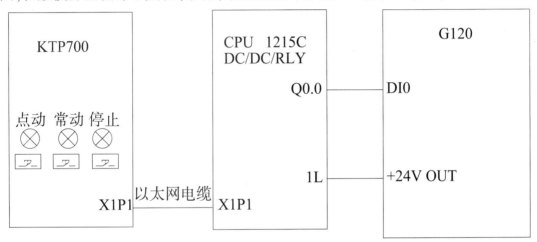

图 3-2-1　触摸屏 + PLC + 变频器控制点动与连续混合控制 I/O 接线图

3. 分析 PLC 程序

图 3-2-2 所示为触摸屏 + PLC + 变频器控制点动与连续混合控制的梯形图程序示意图，该程序能通过触摸屏实现电动机点动、常动、停止控制功能，触摸屏上的运行状态指示灯能反映出电动机的运行状态。

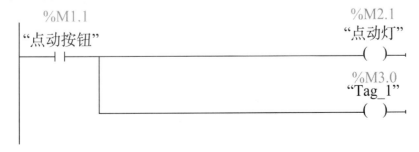

图　3-2-2

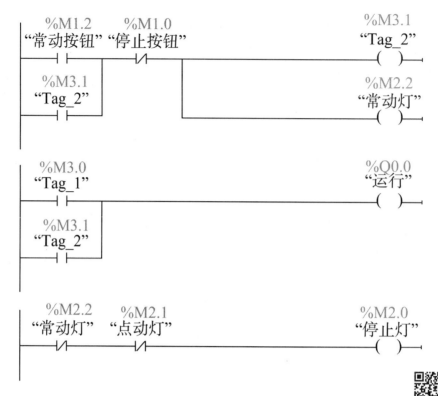

图 3-2-2　点动、连续混合控制梯形图程序示意图

4. 分析原理图

　　根据 I/O 分配表、I/O 接线图及 PLC 程序，可以设计出如图 3-2-3 所示的触摸屏 + PLC + 变频器控制点动与连续混合控制线路的电气原理图。

触摸屏 + PLC + 变频器端子控制点动与连续混合控制线路原理

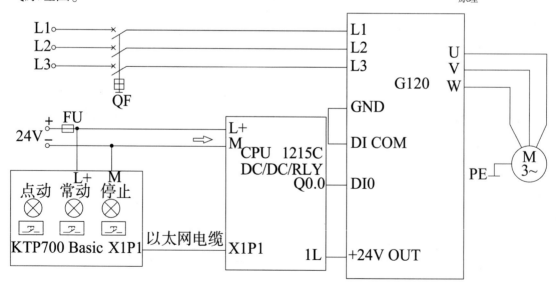

图 3-2-3　触摸屏 + PLC + 变频器控制点动与连续混合控制线路原理图

任务实施

组态与装调触摸屏＋PLC＋变频器控制点动与连续混合控制线路

组态与装调如图 3-2-3 所示触摸屏＋PLC＋变频器控制点动与连续混合控制线路。

1. 组态及仿真

打开编程软件,编写触摸屏＋PLC＋变频器控制点动与连续混合控制的触摸屏画面及梯形图程序,按照电动机点动和常动的动作要求对所编写的程序进行仿真演示,确保所编程序无误后,下载程序至触摸屏或PLC中。梯形图参考程序如图 3-2-2 所示。

2. 领取器材

根据器材清单(表 3-2-2)中的元器件名称或图形符号领用相应的器材,并用仪表检测元器件,判断其好坏,如元器件有故障,需先进行修复或更换。参照相关元器件实物或其说明书,完成 表 3-2-2 中器材品牌、型号(规格)等相关内容的填写。

触摸屏＋PLC＋变频器端子控制点动与连续混合控制线路的组态仿真

触摸屏＋PLC＋变频器控制点动与连续混合控制线路器材清单 表 3-2-2

符号	元器件名称	品牌	型 号	数量	检测	备 注
PLC	可编程控制器	西门子	CPU1215C DC/DC/RLY	1 个		根据实训室配置填写
QF	断路器					
FU						
M						
	变频器					
	触摸屏					
	冷压端子					
	接线端子排					
	导线					

3. 安装线路

参照图 3-2-4 所示的元器件布置参考图及实训场地实际情况,用紧固件将元器件安装在合理位置,再根据图 3-2-3 所示的触摸屏＋PLC＋变频器端子控制点动与连续混合控制线路原理图进行接线。

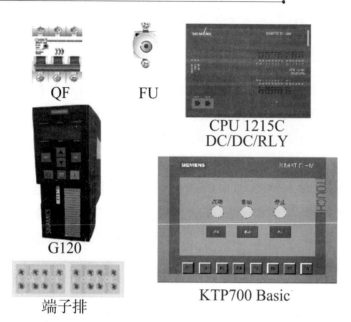

图 3-2-4　触摸屏 + PLC + 变频器控制电动机点动与连续混合
控制线路元器件布置参考图

4.检测硬件线路

触摸屏 + PLC + 变频器控制点动与连续混合控制线路安装好后,在上电前务必对接线及 I/O 连线进行检测,需特别注意各器件的电压等级。另外,还需要检查触摸屏 + PLC 的通信连接是否牢固。

5. 变频器功能参数的设置与操作

检查接线并分析所测数据无误后,就可以在熔座上安装熔管,合上断路器 QF,接通电源,参照项目 1 的变频器功能参数的设置与操作对变频器恢复出厂设置以及设置电动机基本参数和接口宏。

6.调试线路

检查接线及下载组态及仿真好的项目文件,此时触摸屏上停止灯常亮,按下触摸屏上点动按钮后,变频器开始工作,电动机以变频器设定转速进行运转,触摸屏上点动灯点亮,停止灯熄灭;松开点动按钮,电动机停转,触摸屏上点动灯熄灭,停止灯点亮。按下触摸屏上常动按钮,电动机运转,触摸屏上常动灯点亮,停止灯熄灭;松开触摸屏上常动按钮,保持状态不变,按下触摸屏上停止按钮,电动机停转,触摸屏上常动灯熄灭,停止灯点亮。若线路不能正常工作,则应先切断电源,排除故障后才能重新上电。

🎖 任务总结与评价

参考附录 2:触摸屏 + PLC + 变频器控制点动与连续混合控制线路的组态与装

调评价表,对触摸屏 + PLC + 变频器端子控制点动与连续混合控制线路的组态与装调进行评价,并根据学生完成的实际情况进行总结。

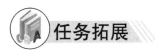**任务拓展**

触摸屏 + PLC + 变频器 PROFINET PZD 通信控制点动与连续混合控制线路

1. 分析 I/O 分配表

触摸屏 + PLC + 变频器 PROFINET PZD 通信控制三相交流异步电动机点动与连续混合控制的 I/O 分配表见表 3-2-3。

触摸屏 + PLC + 变频器 PROFINET PZD 通信控制点动与连续混合控制的 I/O 分配表　　表 3-2-3

类　　别	外 接 硬 件		PLC	功　　能
输入	触摸屏	停止按钮	M1.0	停止
		点动按钮	M1.1	点动控制
		常动按钮	M1.2	常动控制
输出	变频器	047F(十六进制)正转	QW68	电动机转向
		047E(十六进制)停止	QW70	电动机转速
	触摸屏	停止灯	M2.0	停止指示
		点动灯	M2.1	点动指示
		常动灯	M2.2	常动指示

2. 分析 I/O 接线图

图 3-2-5 所示为触摸屏 + PLC + 变频器 PROFINET PZD 通信控制点动与连续混合控制线路 I/O 接线图,在触摸屏上设计了点动、常动、停止按钮及点动、常动、停止指示灯。

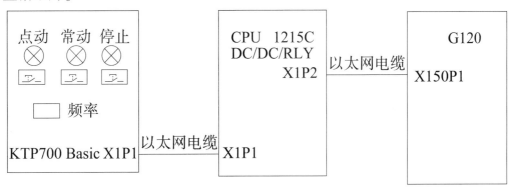

图 3-2-5　触摸屏 + PLC + 变频器 PROFINET PZD 通信控制与
　　　　　连续控制线路 I/O 接线图

3. 分析 PLC 程序

图 3-2-6 所示为触摸屏 + PLC + 变频器 PROFINET PZD 通信控制三相交流异步电动机点动与连续混合的梯形图,该程序能通过触摸屏实现电动机点动与连续混合控制功能,使用触摸屏上的起动按钮进行点动控制、常动控制、停止控制。

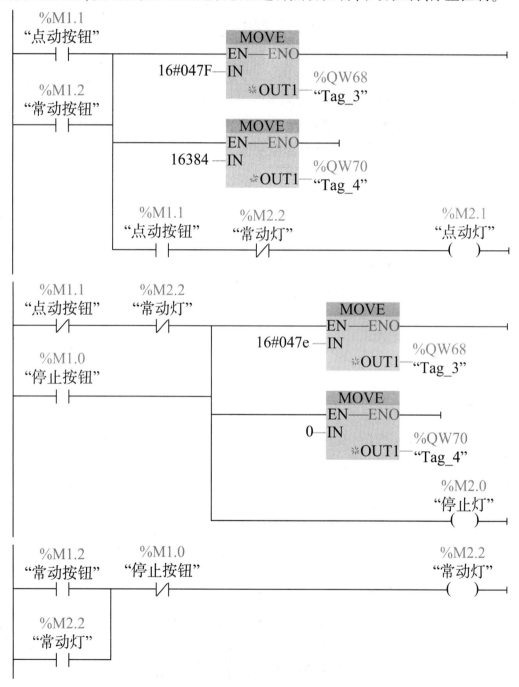

图 3-2-6　控制电动机点动与连续混合梯形图

当按下点动按钮或常动按钮时,利用梯形图的传送指令将变频器起动控制字 16#047F 和十进制数 16384(对应电动机 100% 转速时变频器的频率)发送给变频器,若松开点动按钮或按下停止按钮则利用梯形图的传送指令将变频器停止控制字 16#047E 发送给变频器。

4. 分析原理图

根据 I/O 分配表、I/O 接线图及 PLC 程序,可以设计出如图 3-2-7 所示的触摸屏 + PLC + 变频器 PROFINET PZD 通信控制点动与连续混合控制线路电气原理图。按下触摸屏上点动按钮或常动按钮,变频器接收到起动信号,电动机运转;松开触摸屏上点动按钮或按下停止按钮,变频器接收到停止信号,电动机停转。触摸屏 + PLC + 变频器 PROFINET PZD 通信控制点动与连续混合控制线路的详细分析请扫码观看视频。

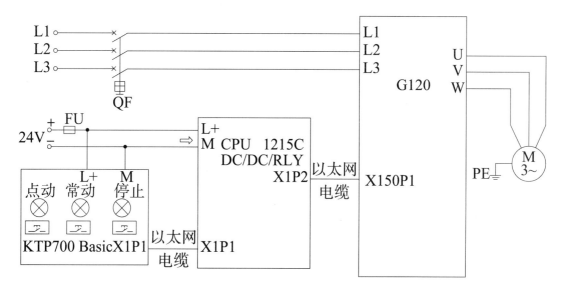

图 3-2-7　触摸屏 + PLC + 变频器 PROFINET PZD 通信控制点动与
连续混合控制线路原理图

触摸屏 + PLC + 变频器 PROFINET PZD
通信控制三相交流异步电动机点动与
连续混合控制线路原理

触摸屏 + PLC + 变频器 PROFINET PZD
通信控制三相交流异步电动机点动与
连续混合控制线路的组态与仿真

思考与练习

设计三相交流异步电动机点动与连续混合控制 PLC 控制线路,要求能两地控制三相交流异步电动机,一处用按钮实现,另一处用触摸屏实现,任何一处都能实现点动、连续、停止控制。

(1) 设计 I/O 分配表;

(2) 设计 I/O 接线图;

(3) 用两种编程方法设计梯形图。

项目四　TIA 博途组态正反转控制线路

项目概述

　　生产机械常常需要上下、左右、前后等相反方向的运动,这就要求电动机能够正反转运转,如电梯的升降控制线路。

　　本项目先对三相交流异步电动机接触器联锁正反转控制线路、按钮和接触器双重联锁正反转控制线路进行回顾,分别对 PLC 控制正反转控制线路的组态与装调、触摸屏 + PLC + 变频器控制正反转控制线路的组态与装调进行学习,达到能用 PLC、触摸屏、变频器改造正反转控制线路的目的。

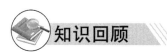

一、分析三相交流异步电动机接触器联锁正反转控制线路

　　改变三相异步电动机绕组接入电源的相序可实现三相交流异步电动机正反转控制,将其三根电源相线中的任意两根对调即可(称为换相),通常是 V 相不变,将 U 相与 W 相对调。为了保证两个接触器动作时能够可靠调换电动机的相序,接线时应使接触器主触点的上接线柱保持一致,在接触器主触点的下接线柱调相。

　　图 4-0-1 所示是三相交流异步电动机接触器联锁的正反转控制线路原理图,合上断路器 QF,接通电源,即可操作电动机转动,控制线路的动作过程如下。

　　正向起动过程：

按下 SB1 → KM1 线圈得电 { KM1 的辅助动断触点断开,互锁 / KM1 主触点闭合,电动机正转 / KM1 的辅助动合触点闭合,自锁 } 电动机连续正转

反向起动过程:

按下 SB2 → KM2 线圈得电 {
KM2 的辅助动断触点断开,互锁
KM2 主触点闭合,电动机反转 } 电动机连续反转
KM2 的辅助动合触点闭合,自锁
}

停止控制过程:

按下 SB3 → KM1 线圈失电 {
KM1 的辅助动合触点断开
KM1 主触点断开,电动机停转
KM1 的辅助动断触点闭合
}

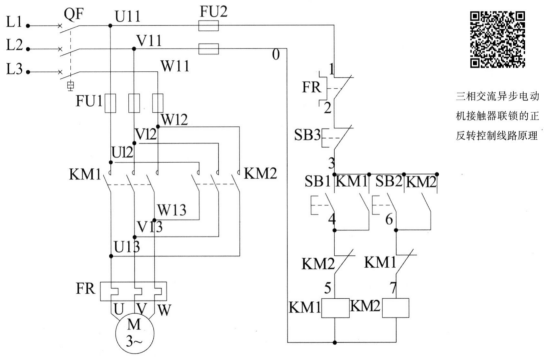

三相交流异步电动
机接触器联锁的正
反转控制线路原理

图 4-0-1　三相交流异步电动机接触器联锁正反转控制线路原理图

二、分析按钮和接触器双重联锁正反转控制线路

图 4-0-2 所示的三相交流异步电动机按钮和接触器双重联锁的正反转控制线路原理图,能够实现不经过按停止按钮,而直接按反转按钮电动机就能从正转到反转,控制线路的动作过程如下。

正向起动过程：

按下 SB1 按钮，SB1 的动断触点先断开,动合触点后闭合 → KM1 线圈得电 ⎰ KM1 的辅助动断触点断开,互锁
KM1 主触点闭合,电动机正转 ⎱ 电动机连续正转
KM1 的辅助动合触点闭合,自锁

反向起动过程：

按下 SB2 按钮 ⎰ SB2 的动断触点先断开,KM1 线圈失电 ⎰ KM1 自锁触点断开
KM1 主触点断开,电动机停止转动
KM1 互锁触点恢复闭合
SB2 的动断触点后闭合,KM2 线圈得电 ⎰ KM2 主触点闭合,电动机正转 ⎱ 电动机连续反转
KM2 的辅助动合触点闭合,自锁
KM2 的辅助动断触点断开,互锁

停止控制过程：

按下 SB3 按钮 → KM1 或 KM2 线圈失电 ⎰ KM1 或 KM2 的辅助动合触点断开
KM1 或 KM2 主触点断开,电动机停转
KM1 或 KM2 的辅助动断触点闭合

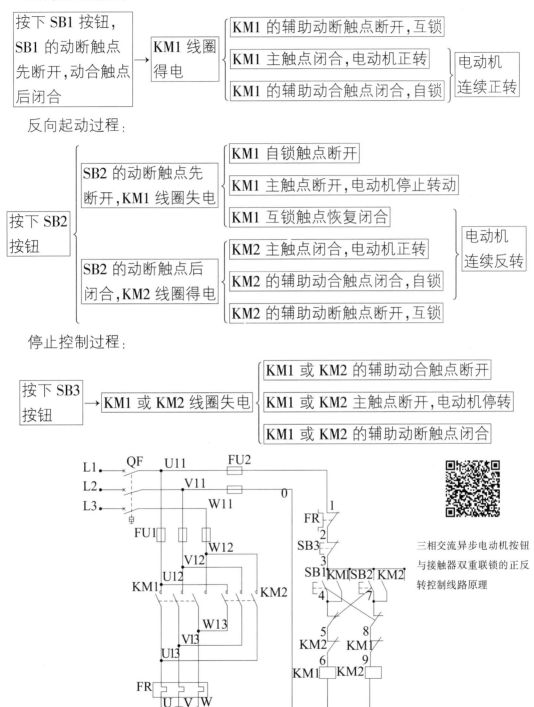

三相交流异步电动机按钮与接触器双重联锁的正反转控制线路原理

图 4-0-2　三相交流异步电动机按钮和接触器双重联锁正反转控制线路原理图

任务一 PLC控制正反转控制线路的组态与装调

 **任务目标**

技能目标

(1)能分析PLC控制的正反转的I/O分配表、I/O接线图、梯形图、原理图;

(2)能分析PLC控制的正反转梯形图中含有接口参数的FC块;

(3)能组态与装调PLC控制的三相交流异步电动机正反转控制线路。

知识目标

(1)理解PLC的扫描工作方式及扫描周期;

(2)理解含有接口参数的FC块;

(3)熟悉PLC控制的正反转控制线路中各电气元器件的作用。

 **必备知识**

一、熟悉S7—1200 PLC的工作方式

PLC是采用"顺序扫描,不断循环"的方式进行工作的。即在PLC运行时,CPU根据用户按控制要求编制好并存于用户存储器中的程序,按指令步序号(或地址号)作周期性循环扫描,如无跳转指令,则从第一条指令开始逐条顺序执行用户程序,直至程序结束。然后重新返回第一条指令,开始下一轮新的扫描。在每次扫描过程中,还要完成对输入信号的采样和对输出状态的刷新等工作。图4-1-1所示为PLC程序执行的工作原理图。

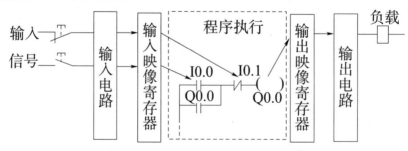

图4-1-1 PLC程序执行的工作原理图

PLC扫描周期是指PLC从主程序第一行一直执行到最后一行后重新回到第一行所需要的时间,PLC扫描周期很短,以ms为单位计算。PLC的一个扫描周期必

经输入采样、程序执行和输出刷新三个阶段。

PLC 在输入采样阶段:首先以扫描方式按顺序将暂存在输入锁存器中的整个输入端子的通断状态或输入数据读入,并将其写入各对应的输入状态寄存器中,即刷新输入。随即关闭输入端口,进入程序执行阶段。

PLC 在程序执行阶段:PLC 依据用户程序指令存放的先后顺序,按从左到右、从上到下,逐行扫描执行每条指令,执行的结果再写入输出状态寄存器中,输出状态寄存器中所有的内容随着程序的执行而改变。

输出刷新阶段:当所有指令执行完毕,输出状态寄存器的通断状态在输出刷新阶段送至输出锁存器中,并通过一定的方式(继电器、晶体管或晶闸管)集中输出,最后经过输出端子驱动外部负载,在下一个输出刷新阶段开始之前,输出锁存器的状态不会改变。

二、含有接口参数的 FC 块

如果在一个已经建立好的 FC 块内设置了接口参数,就成为有接口参数的 FC 块,可以为一个 FC 块设置若干变量作为入口参数,同时也可以设置若干个变量作为出口参数,这些接口参数可以在该 FC 块的内部程序中使用,使用时"入口参数"只能被读,"出口参数"只能被写,也可以设置出即刻被读和被写的"出入口参数"。

当这个 FC 块被调用时,需要将系统中的变量一一对应地与 FC 块内设置的所有接口参数联系在一起。当这个 FC 块执行时,系统中的变量对应"FC 内的入口参数(变量)"并按照 FC 块内的程序逻辑运算输出到"FC 内的出口参数(变量)",这些变量的值在输出到与之对应地"系统中的变量",这就是有接口参数的 FC 块。

例如,实训室集中控制 100 台电动机正转—停止—反转的例子,在调用的 FC1 到 FC100 中,每个 FC 块内都是"两个动合点并联再串联两个动断点,最后输出,重复两次"的逻辑,相同的逻辑写了 100 遍(每次仅仅是其中的变量不同),如果使用含有接口参数的 FC 块,就可以省去这个麻烦。

建立一个名为"ConveryorControl"的 FC 程序块,然后在其中的"入口参数"中建立如下接口变量:停止按钮、正转按钮、反转按钮;并建立如下"出入口参数":正转输出、反转输出。"出入口参数"所连接的变量在 FC 块内即可以读,也可以写("入口参数"则只能在块内读操作;"出口参数"则只能在块内写操作)。从前面对电动机起停的控制逻辑看,FC 块既要输出电动机运行信号(写操作),又要通过该信号进行自锁(读操作),所以适合"出入口参数",建立的这个 FC 块如图 4-1-2 所示。

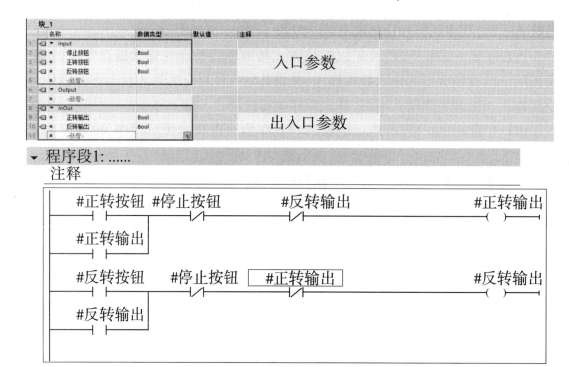

▼ 程序段1: ......
    注释

图 4-1-2　ConveryorControl 程序块的接口参数和程序

　　然后在 OB1(主程序)中调用这个"Conveyor"的 FC 程序块,并输入相应的变量作为本次调用的入口参数及出入口参数,如图 4-1-3 所示。

▼ 程序段1: ......
    注释

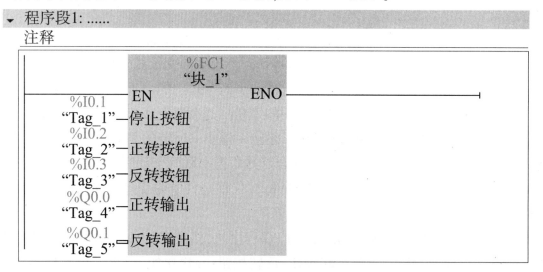

图 4-1-3　带参数的 FC 块调用

　　在本次调用后,只需要将该流水线上电动机正反转的启停按钮对应的变量和控制两个电动机运行的变量连入这个 FC 块的接口参数中,在程序运行该程序块时,就会对这台设备上的电动机执行正反转控制,正反转控制的逻辑就是这个 FC 程序块内部编辑的

编写与调用含用接口参数的 FC 块

逻辑,如此一来,构建集中控制 100 台电动机正转—停止—反转的控制程序,只需调用 100 次该 FC 块,然后对每次调用输入相应的接口变量(入口参数及出入口参数)便可,不必再编辑 100 遍相同的程序逻辑。

从本例可以看出,那些 FC 内的"入口变量""出口变量"和"出入口变量"主要目的是用来表达出一种程序逻辑,实际使用时,必须对应实际的"系统中的变量"才有运行的意义,所以这些"接口参数"被称为形参,而它们所对应的"系统中的变量"被称为实参,整个 FC 的调用过程可以这样描述:在调用 FC 块时实参与形参一一对应,运行时实参数据先写入形参(入口变量或出入口变量)中,进行程序的运算,程序执行完毕后,再将形参(出口变量或出入口变量,即运行结果)写入对应的实参中。

三、分析 PLC 控制正反转控制线路原理

1. 分析 I/O 分配表

PLC 控制三相交流异步电动机正反转的 I/O 分配表见表 4-1-1。

PLC 控制三相交流异步电动机正反转的 I/O 分配表　表 4-1-1

类别	外 接 硬 件			PLC					功能
				地址	接口参数				
					名称	数据类型	名称	数据类型	
输入	按钮	SB1	动合	I0.0	起动(Input)	Bool	输入互锁(Input)	Bool	正转
		SB2	动合	I0.1					反转
		SB3	动断	I0.2	无				停止
	热继电器	FR	动断	I0.3	无				过载保护
输出	交流接触器	KM1	线圈	Q0.0	输出(InOut)	Bool	输出互锁(InOut)	Bool	正转
		KM2	线圈	Q0.1					反转

2. 分析 I/O 接线图

图 4-1-4 所示为 PLC 控制三相交流异步电动机正反转的 I/O 接线图,实现三相交流异步电动机正转—停止—反转(反转—停止—正转)控制或正转—反转—停止(反转—正转—停止)控制,其 I/O 接线图都是一样的。

在设计 PLC 控制三相交流异步电动机正反转的 I/O 接线图时,还需要考虑硬件的响应速度,务必要对接触器 KM1 及 KM2 进行互锁,不进行互锁会因为 PLC 扫描周期短,而接触器响应时间慢,极易发生 KM1 与 KM2 主线路短路的现象。不能使用 PLC 内部定时器来延长 KM1 线圈失电与 KM2 线圈得电(或 KM2 线圈失电与

KM1 线圈得电)的切换速度,而省去接触器 KM1 与 KM2 的互锁,因为即使接触器线圈失电了,但接触器的触点也有可能不能复位,主要原因有接触器剩磁(接触器线圈断电后,接触器存在剩磁,导致接触器主触点不能断开或延时断开)、接触器机械卡死及安装角度等原因。

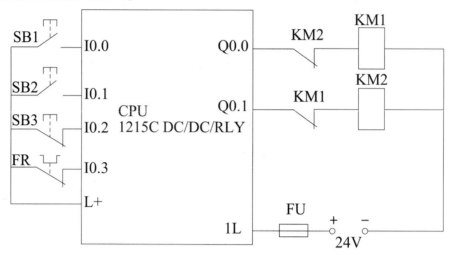

图 4-1-4　PLC 控制三相交流异步电动机正反转的 I/O 接线图

3. 分析 PLC 程序

图 4-1-5 所示为 PLC 控制三相交流异步电动机正反转的梯形图,该程序能使电动机实现正转—反转—停止(或反转—正转—停止)控制功能。

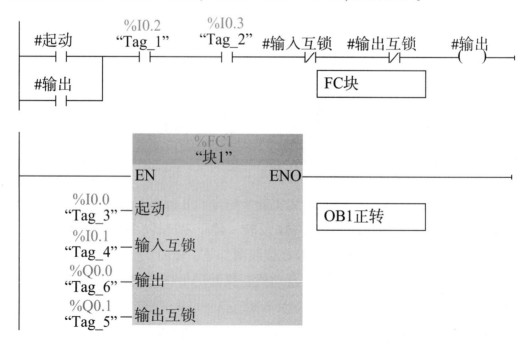

图　4-1-5

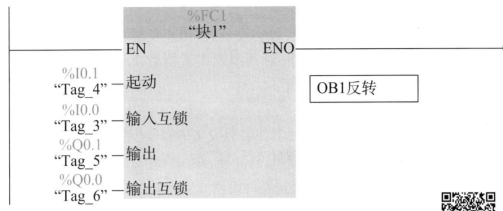

图 4-1-5 电动机正转—反转—停止控制程序

4. 分析原理图

根据 I/O 分配表、I/O 接线图及 PLC 程序,可以设计出如图 4-1-6 所示的 PLC 控制三相交流异步电动机正反转控制线路原理图。

PLC 控制三相交流异步电动机正反转控制线路原理

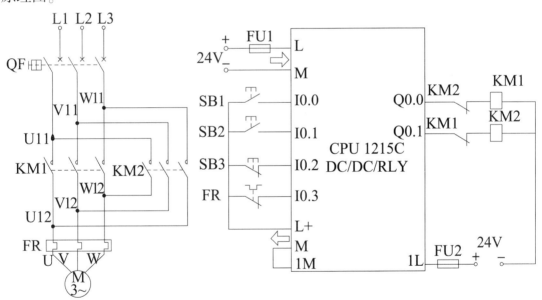

图 4-1-6 PLC 控制三相交流异步电动机正反转控制线路原理图

更详细的 PLC 控制三相交流异步电动机正反转控制线路原理的分析请扫码观看视频。

任务实施

组态与装调 PLC 控制正反转控制线路

组态与装调如图 4-1-6 所示 PLC 控制三相交流异步电动机正反转控制线路。

1. 组态及仿真

打开编程软件创建一个新项目,组态设备,按照正反转控制的动作要求编写正反转控制程序,对所编程序进行仿真演示,确保所编程序无误后,下载程序至 PLC 中。

PLC 控制三相交流异步电动机正反转控制的组态与仿真

2. 领取器材

根据器材清单(表4-1-2)中的元器件名称或文字符号领用相应的器材,并用仪表检测元器件,判断其好坏,如元器件有故障,需先进行修复或更换。参照相关元器件实物或其说明书,完成 表4-1-2 中器材品牌、型号(规格)等相关内容的填写。

器 材 清 单　　　　　表 4-1-2

符号	元器件名称	品牌	型　　号	数量	检测	备　　注
PLC	可编程控制器	西门子	CPU1215C DC/DC/RLY	1个		根据实际情况选用型号
QF	低压断路器					
FU1	熔断器 1					
FU2	熔断器 2					
KM1	接触器 1					
KM2	接触器 2					
SB1	按钮 1					
SB2	按钮 2					
SB3	按钮 3					
FR	热继电器					
M	电动机					
	开关电源					如果实训台无高质量直流电源 + 负载电源
	冷压端子					
	接线端子排					
	导线					

3. 安装线路

选取必要的工具,参照图 4-1-7 所示的 PLC 控制三相交流异步电动机正反转控制线路元器件布置参考图及实训场地实际情况,用紧固件将元器件安装在合理位置。在布置元器件时应考虑相同元器件尽量摆放在一起,主线路的相关元器件的安装位置要与其线路图有一定的对应关系,达到布局合理、间距合适、接线方便的要求。元器件安装调整到位后,再根据图 4-1-6 所示的 PLC 控制三相交流异步电动机正反转控制线路原理图进行接线。

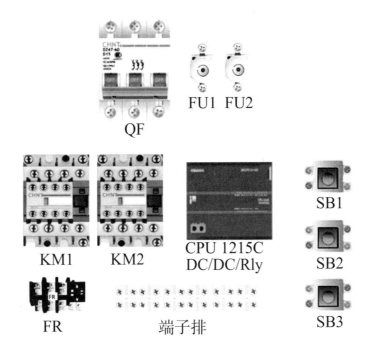

图 4-1-7 PLC 控制三相交流异步电动机正反转控制线路元器件布置参考图

4.检测硬件线路

PLC 控制三相交流异步电动机正反转控制线路安装好后,在上电前务必对主线路及 PLC 的 I/O 连线进行检测。

主线路检测:先用万用表欧姆挡分别测量 U11 与 V11、U11 与 W11、V11 与 W11 之间电阻,正常阻值应为无穷大。当用螺丝刀分别压下接触器触点架后万用表应显示电动机定子绕组的阻值,而当同时压下接触器 KM1 与 KM2 触点架时,则会出现 U11 与 W11 相间短路的现象。

PLC 的 I/O 连线检测:PLC 的 I/O 连线的检测可分为输入信号的检测及输出信号的检测。对输入信号进行检测:将万用表两表笔分别放在 PLC 要检测的输入端(如 I0.0)及 L+⇦两端,分别按下按钮、热继电器复位按钮等输入信号,看输入信号在万用表上显示的通断变化情况。对输出线路的检测:可以将万用表两表笔分别放在 Q0.0 及 Q0.1 两端,此时应为接触器 KM1 与 KM2 两线圈的串联电阻;当用螺丝刀分别压下接触器 KM1 与 KM2 触点架或同时压下接触器 KM1 与 KM2 触点架时,因为接触器 KM1 与 KM2 的互锁关系,此时电阻值应为无穷大。将检测数据记录下来,并分析检测数据是否正常。

将主线路检测数据填入表4-1-3,并根据检测数据,对主线路进行分析,如果线路异常,需及时查明原因。

将I/O连线检测数据填入表4-1-4,并根据检测数据,对I/O连线进行分析,如果I/O连线异常,需及时查明原因。

PLC控制三相交流异步电动机正反转控制线路主线路检测数据 表4-1-3

项目	元器件状态	万用表表笔位置	阻值(Ω)	结果判断	备　　注
主电路检测	未压下接触器KM1或KM2	U11 与 V11			
		U11 与 W11			
		V11 与 W11			
	压下接触器KM1	U11 与 V11			
		U11 与 W11			
		V11 与 W11			
	压下接触器KM2	U11 与 V11			
		U11 与 W11			
		V11 与 W11			
	同时压下接触器KM1 与 KM2	U11 与 W11			

PLC控制三相交流异步电动机正反转控制线路I/O连线检查表 表4-1-4

输入检测				输出检测			
万用表表笔位置	初始阻值	切换状态后阻值	结果分析	万用表表笔位置	动作	阻值	结果分析
I0.0 与 L + ⇦				Q0.0 与 Q0.1	初始状态		
I0.1 与 L + ⇦				Q0.0 与 Q0.1	压下KM1		
I0.2 与 L + ⇦				Q0.0 与 Q0.1	压下KM2		
I0.3 与 L + ⇦				Q0.0 与 Q0.1	同时压下KM1 与 KM2		

5．调试线路

检查接线并分析所测数据无误及程序下载完成后,就可以在熔座上安装熔管,合上断路器 QF,接通交流电源,此时电动机不转。按下正转按钮,电动机应起动并正向转动;按下反转按钮,电动机应反向转动,可用钳形电流表测量电动机工作电流。按下停止按钮,电动机应停转。若线路不能正常工作,则应先切断电源,排除故障后才能重新上电。

 任务总结与评价

参考附录1：PLC 控制三相交流异步电动机控制线路的组态与装调评价表,对 PLC 控制的三相交流异步电动机正反转控制线路的组态与装调进行评价,并根据学生完成的实际情况进行总结。

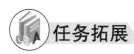 **任务拓展**

利用延时指令实现电动机正反转控制

用延时指令(TON)来实现 PLC 控制三相交流异步电动机自动正反转控制,图 4-1-8 所示是参考梯形图。

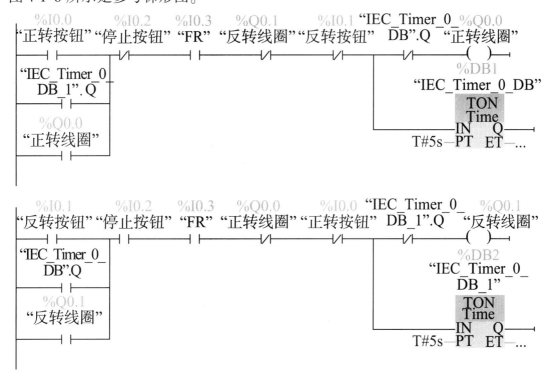

图 4-1-8　接通延时指令控制三相交流异步电动机正反转控制梯形图

思考与练习

接通延时指令控制三相
交流异步电动机正反转
控制梯形图的组态与
仿真

1. 简述 PLC 的工作方式。

2. 简述 PLC 的发展趋势。

3. 三相交流异步电动机正反转 PLC 控制线路中,梯形图中有了互锁,为何在外部硬件回路中还需要加互锁?

4. 图 4-1-4 所示的 PLC 控制三相交流异步电动机正反转的 I/O 接线图中,如果停止按钮在硬件上使用动合信号,试编写其对应的梯形图,要求能实现从正转直接切换至反转。

任务二　触摸屏 + PLC + 变频器控制正反转控制线路的组态与装调

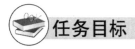 **任务目标**

技能目标

(1)能熟悉分辨变频器的编码器接口和现场总线的位置与对应功能;

(2)能正确使用合适的 G120 变频器接口宏参数;

(3)能分析 PLC 控制正反转控制线路的 I/O 分配表、I/O 接线图、梯形图、原理图;

(4)能组态与装调触摸屏 + PLC + 变频器控制的三相交流异步电动机正反转控制线路。

知识目标

熟悉触摸屏 + PLC + 变频器控制的正反转控制线路中各电气元器件的作用。

 **必备知识**

一、变频器的现场总线和编码器接口以及接口宏

1. 变频器的现场总线接口和编码器接口

西门子 G120 变频器 CU250S-2PN 控制单元的现场总线接口及编码器接口见表 4-2-1 和表 4-2-2。

现场总线接口说明   表 4-2-1

现场总线接口及编码器接口实物图	
现场总线接口	 −X150 P1 −X150 P2 8...1 PROFINET
1 RX +	接收数据 +
2 RX −	接收数据 −
3 TX +	发送数据 +
4	—
5	—
6 TX −	发送数据 −
7	—
8	—

编码器接口说明   表 4-2-2

−X2100 编码器	KTY4、Pt1000、PTC 或温度开关	HTL	TTL	SSI（RS422标准）	1...8 -X100 DRIVE-CLiQ 编码器 带DRIVE-CLiQ接口的编码器或通过传感器模块的编码器
1 电动机温度检测 +	Temp +	—	—	—	1 发送数据 +
2SSI 时钟	—	—	—	Clock +	2 发送数据 −
3 反向 SSI 时钟	—	—	—	Clock −	3 接收数据 +
4 编码器电源	—	24V	5V	24V	4—
5 编码器电源	—	24V	5V	24V	5—
6 编码器的传感信号	—	—	Sense +	—	6 接收数据 −
7 编码器电源的基准	—	0V	0V	0V	7—
8 电动机温度检测 −	Temp −	—	—	—	8—

续上表

9 传感信号的基准	—	—	Sense –		A +24V 电源
10 零信号 +	—	R +	R +	—	B 0V,电源的基准
11 零信号 –	—	R –	R –	—	
12 通道 B –	—	B –	B –	—	
13 通道 B +	—	B +	B +	—	
14 通道 A-/SSI 数据	—	A –	A –	Data –	
15 通道 A +/SSI 数据	—	A +	A +	Data +	

2. 接口宏 1——双方向两线制控制两个固定转速

G120 型变频器 CU250S-2PN 控制单元接口宏 1 接线图如图 4-2-1 所示。

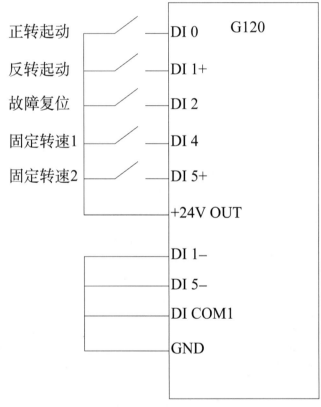

图 4-2-1 接口宏 1 接线示意图

起停控制:变频器采用两线制控制方式,电动机的起停、旋转方向通过数字量输入控制。

速度调节:通过数字量输入选择,可以设置两个固定转速,数字量输入 DI4 接通时采用固定转速 1,数字量输入 DI5 接通时采用固定转速 2。DI4 与 DI5 + 同时接通时采用固定转速 1 + 固定转速 2。P1003 参数设置固定转速 1,P1004 参数设置固定转速 2。

二、分析触摸屏 + PLC + 变频器端子控制正转—停止—反转控制线路原理

1. 分析 I/O 分配表

触摸屏 + PLC + 变频器端子控制三相交流异步电动机正转—停止—反转控制的 I/O 分配表见表 4-2-3。

触摸屏 + PLC + 变频器端子控制三相交流异步电动机

正转—停止—反转控制的 I/O 分配表 表 4-2-3

类　　别	外 接 硬 件		PLC	功　　能
输入	触摸屏	正转按钮	M0.0	正转
	触摸屏	反转按钮	M0.1	反转
	触摸屏	停止按钮	M0.2	停止
输出	触摸屏	正转灯	M2.0	正转指示
	触摸屏	反转灯	M2.1	反转指示
	触摸屏	停止灯	M2.2	停止指示
	变频器	DI0	Q0.0	电动机正转
	变频器	DI1	Q0.1	电动机反转
	变频器	DI4	Q0.2	固定转速 1
	变频器	DI5	Q0.3	固定转速 2

2. 分析 I/O 接线图

图 4-2-2 所示为触摸屏 + PLC + 变频器端子控制三相交流异步电动机正转—停止—反转的 I/O 接线图,在触摸屏上设计了正转、反转、停止的功能按钮。

3. 分析 PLC 程序

图 4-2-3 所示为触摸屏 + PLC + 变频器端子控制三相交流异步电动机正转—停止—反转的梯形图,该程序能通过触摸屏实现电动机正转—停止—反转控制功能,使用触摸屏上正转按钮进行正转—停止—反转控制。通过触摸屏上的正转指示灯、反转指示灯、停止指示灯能反映出电动机的运行状态。

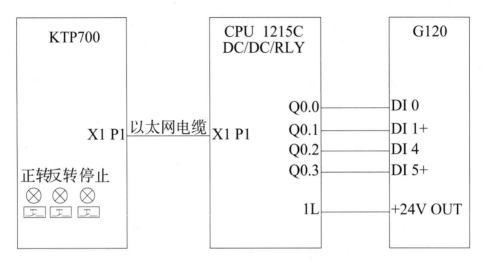

图 4-2-2　触摸屏 + PLC + 变频器端子控制三相交流
异步电动机正转—停止—反转的 I/O 接线图

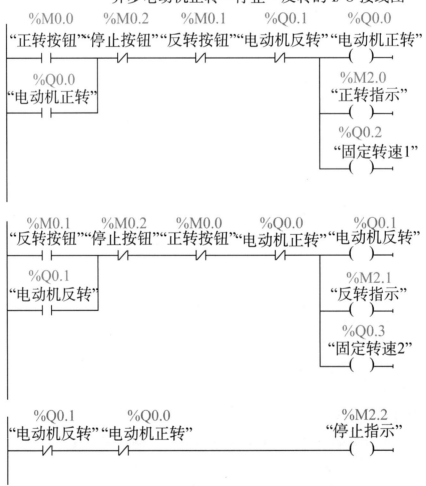

图 4-2-3　电动机正转—停止—反转控制程序

按下正转按钮,电动机按照固定转速1的速度正转起动,正转指示灯亮;按下停止按钮,电动机停止运转,停止指示灯亮;按下反转按钮,电动机按照固定转速2的速度反转起动,反转指示灯亮。

4.分析原理图

根据 I/O 分配表、I/O 接线图及 PLC 程序,可以设计出如图 4-2-4 所示的触摸屏 + PLC + 变频器端子控制电动机正转—停止—反转控制线路电气原理图。按下触摸屏上的正转按钮,电动机正转;按下停止按钮,电动机停转;按下触摸屏上的反转按钮,电动机反转。触摸屏 + PLC + 变频器端子控制电动机正转—停止—反转控制线路原理的详细分析请扫码观看视频。

触摸屏 + PLC + 变频器端子控制三相交流异步电动机正转—停止—反转控制线路原理

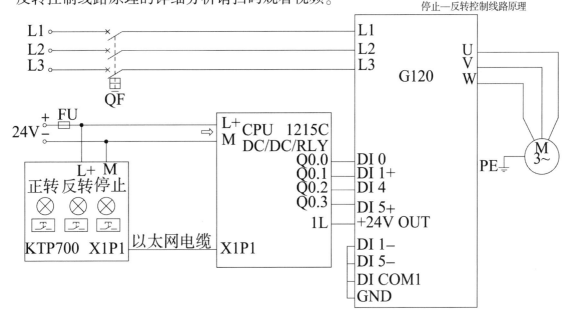

图 4-2-4　触摸屏 + PLC + 变频器端子控制电动机正转—停止—反转控制线路原理图

 **任务实施**

组态与装调触摸屏 + PLC + 变频器端子控制正转—停止—反转控制线路

组态与装调如图 4-2-4 所示触摸屏 + PLC + 变频器端子控制电动机正转—停止—反转控制线路。

1.组态及仿真

参照视频,创建一个新项目,组态设备,按照正转—停止—反转控制的动作要求编写正转—停止—反转控制程序,对所编程序进行仿真演示,确保所编程序无误,参考程序如图 4-2-3 所示。

2. 领取器材

根据器材清单(表 4-2-4)中的元器件名称或文字符号领用相应的器材,并用仪表检测元器件,判断其好坏,如元器件有故障,需先进行修复或调换。参照相关元器件实物或其说明书,完成表 4-2-4 中器材品牌、型号(规格)等相关内容的填写。

触摸屏 + PLC + 变频器端子控制的三相交流异步电动机
正转—停止—反转控制线路器材清单表　　　　　表 4-2-4

符号	元器件名称	品牌	型　　号	数量	检测	备　　注
PLC	可编程控制器	西门子	CPU1215C DC/DC/RLY	1 个		根据实际情况选用型号
QF	断路器					
FU	熔断器					
M	三相异步电动机					
G120	变频器					
HMI	触摸屏					
	开关电源					如果实训台无高质量直流电源
	低压断路器					
	冷压端子					
	接线端子排					
	导线					

3. 安装线路

参照图 4-2-5 所示的元器件布置参考图及实训场地实际情况,用紧固件将元器件安装在合理位置,再根据图 4-2-4 所示的触摸屏 + PLC + 变频器端子控制三相交流异步电动机正转—停止—反转控制线路原理图进行接线。

4. 检测线路

触摸屏 + PLC + 变频器控制三相交流异步电动机正转—停止—反转控制线路安装好后,在上电前务必对接线及 I/O 连线进行检测,需特别注意各器件的电压等级。另外,还需要检查触摸屏 X1 P1 接口、PLC 的 X1 P1 接口以太网电缆连接是否牢固,以及 PLC 与变频器端子之间的接线是否牢固。

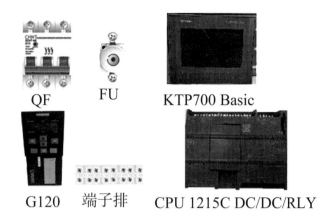

图4-2-5　触摸屏＋PLC＋变频器端子控制三相交流异步电动机正转—停止—
　　　　反转控制线路元器件布置参考图

5. 设置变频器功能参数

检查接线并分析所测数据无误后,就可以在熔座上安装熔管,合上断路器 QF,
接通电源,按如下步骤设置变频器相关参数。

(1)对变频器恢复出厂设置以及设置电动机基本参数参照项目1中变频器功
能参数的设置与操作。

(2)设置宏接口参数,选择"PARAMS",修改"P10"为1(改1才可以设宏接
口),然后在宏设置"P15"中选择1(宏程序1)然后再把 P10 改为0,(不然电动机起
动不起来),然后去设置电动机转速(表4-2-5),"P1003"为固定转速1设为1400。
"P1004"为固定转速2,设为1400。

宏程序2的电动机转速参数　　　　　　　　表4-2-5

参　　数	设　定　值	功　　能
P1003	1400	固定转速1(r/min)
P1004	1400	固定转速2(r/min)

6. 调试线路

下载组态及仿真好的项目文件,按下触摸屏上正转或反转按钮后,变频器开始
工作,电动机以变频器设定频率对应速率进行运转。

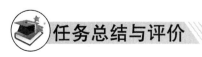 **任务总结与评价**

参考附录2:PLC 控制三相交流异步电动机正转—停止—反转控制线路的组态
与装调评价表,对触摸屏＋PLC＋变频器控制三相交流异步电动机正转—停止—

反转控制线路的组态与装调进行评价,并根据学生完成的实际情况进行总结。

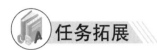 **任务拓展**

触摸屏 + PLC + 变频器 PROFINET PZD 通信控制正反转控制
线路

触摸屏 + PLC +
变频器端子控制
三相交流异步电
动机正转—停
止—反转控制的
组态与仿真

设置宏接口参数,选择"PARAMS",按下"OK"键,修改"P10"
为1(改1才可以设宏接口),然后在宏设置"P15"中选择7(宏程
序7),再把P10改为0。

1. 添加触摸屏 I/O 域

(1)在元素列表中选择 I/O 域将其拖动到触摸屏画面中,如图 4-2-6 所示。

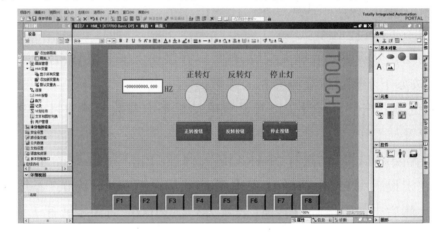

图 4-2-6　添加 I/O 域画面

(2)双击 I/O 域,如图 4-2-7 所示,单击将变量连接到属性,选择过程值,单击
"确定",如图 4-2-8 所示。

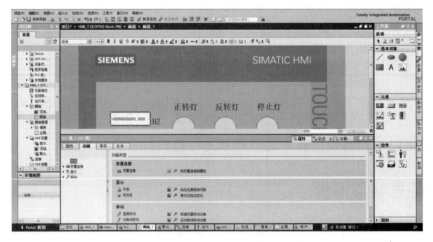

图 4-2-7　设置 I/O 域画面

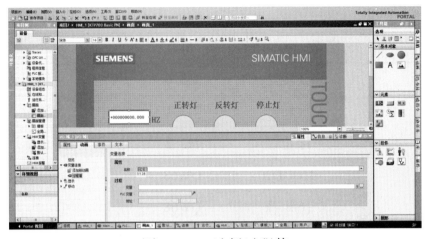

图 4-2-8　选择过程值

(3)连接触摸屏变量,并标记名字,如图 4-2-9 所示。

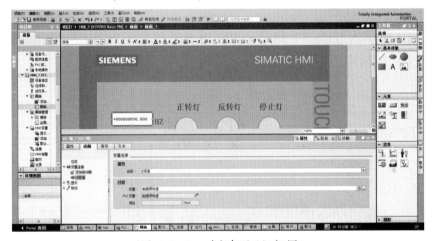

图 4-2-9　创建地址变量

2.分析 I/O 分配表

触摸屏 + PLC + 变频器通信控制三相交流异步电动机正反转控制的 I/O 分配表见表 4-2-6。

触摸屏 + PLC + 变频器通信控制三相交流异步电动机

正反转控制的 I/O 分配表　　　　　表 4-2-6

类别	外接硬件		PLC	功　能
输入	触摸屏	正转按钮	M0.0	正转
		反转按钮	M0.1	反转
		停止按钮	M0.2	停止
		设定频率	MD10	转速

续上表

类别	外接硬件		PLC	功　能
输出	触摸屏	正转灯	M2.0	正转指示
		反转灯	M2.1	反转指示
		停止灯	M2.2	停止指示
	变频器	16#047F	QW68	电动机正转
		16#C7F	QW68	电动机反转
		16#047E	QW68	电动机停止
		转速预设值	QW70	电动机额定转速预设值

3. 分析 I/O 接线图

图 4-2-10 所示为触摸屏 + PLC + 变频器通信控制三相交流异步电动机正反转的 I/O 接线图,在触摸屏上设计了正转、反转、停止功能按钮、设定频率以及电动机运行状态指示。

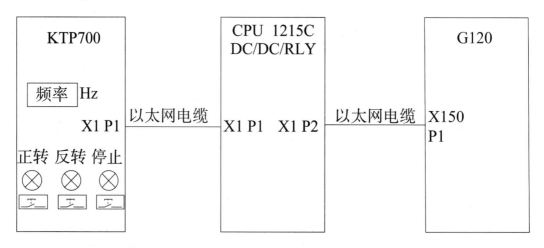

图 4-2-10　触摸屏 + PLC + 变频器通信控制三相交流异步电动机正反转 I/O 接线图

4. 分析 PLC 程序

图 4-2-11 所示为触摸屏 + PLC + 变频器通信控制三相交流异步电动机正反转的梯形图,该程序能通过触摸屏实现电动机正转—反转—停止(或反转—正转—停止)控制功能,触摸屏上的运行状态指示灯能反映出电动机的运行状态。更详细的梯形图程序请参考视频:三相交流异步电动机正反转控制梯形图组态与仿真。

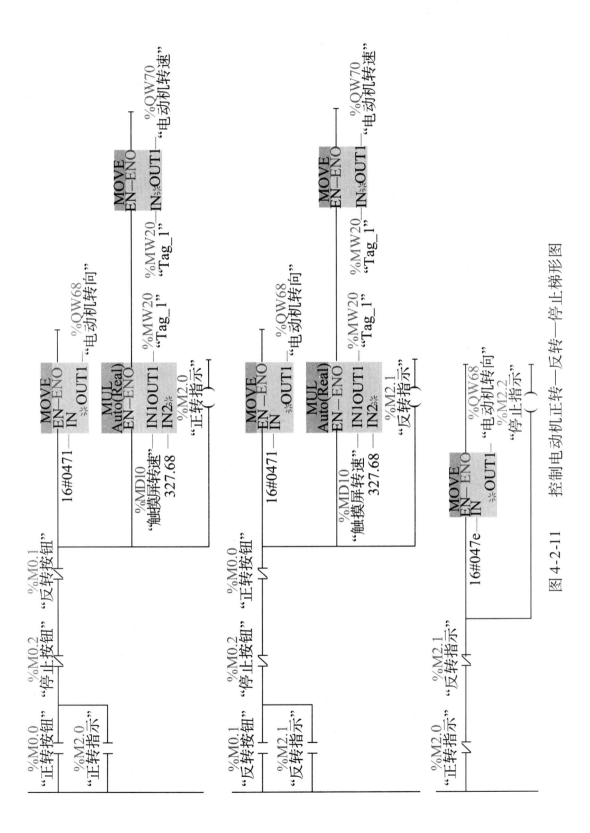

图 4-2-11　控制电动机正转—反转—停止梯形图

触摸屏的正转、反转、停止按钮分别连接PLC上位存储器M0.0、M0.1、M0.2，正转指示灯、反转指示灯、停止指示灯按钮分别连接PLC上位存储器M2.0、M2.1、M2.2，当按下正转按钮，利用梯形图的动合触点将正转信号和触摸屏选择的频率传送至变频器，变频器正转，正转指示灯点亮接通；松开正转按钮，利用梯形图的自锁正转指示灯常亮。当按下反转按钮时，利用梯形图的动断触点先将变频器正转信号断开，再利用动合触点将反转信号和触摸屏选择的频率传送至变频器，变频器反转，反转指示灯接通；松开反转指示灯，利用梯形指令图的自锁反转指示灯常亮。当M0.2接通时利用其动断触点断开正反转，将停止信号传送给变频器，停止指示灯接通常亮。【50Hz对应16384(变频器参数P2000设定的电动机额定转速，如1400)，所以1Hz对应的就是16384/50 = 327.68】

5.分析原理图

根据I/O分配表、I/O接线图及PLC程序，可以设计出如图4-2-12所示的触摸屏+PLC+变频器通信控制三相交流异步电动机正反转控制线路的电气原理图。

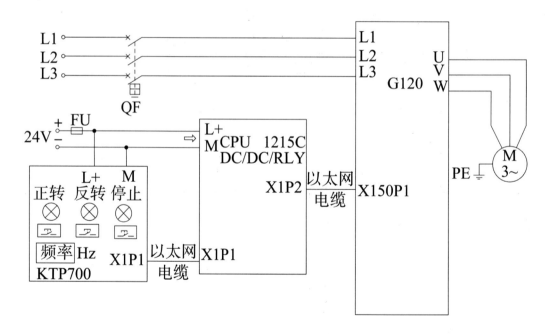

图4-2-12　触摸屏+PLC+变频器通信控制三相交流异步电动机
正反转控制线路原理图

更详细的触摸屏+PLC+变频器通信控制三相交流异步电动机正反转控制线路原理的分析请扫码观看视频。

触摸屏＋PLC＋变频器通信控制三相
交流异步电动机正反转控制线路原理

触摸屏＋PLC＋变频器通信控制三相交流
异步电动机正反转控制线路的组态与仿真

思考与练习

设计三相交流异步电动机正反转 PLC 控制线路,要求能两地控制三相交流异步电动机,一处用按钮实现,另一处用触摸屏实现,任何一处都能实现从正转直接到反转(或反转到正转)。

(1)设计 I/O 分配表;

(2)设计 I/O 接线图;

(3)设计 PLC 控制程序;

(4)设计并完成触摸屏画面的组态。

项目五　TIA 博途组态自动往返控制线路

项目概述

生产机械(如磨床)的工作台需要在一定的行程内自动往返的运动,以便实现对工件的连续加工,提高生产效率。这就要求电动机不但能够正反转运转,还需要能够自动换接,实现自动往返。

本项目先对传统的接触器控制自动往返控制线路进行回顾,再分别对 PLC 控制自动往返控制线路的组态与装调、触摸屏 + PLC + 变频器控制自动往返控制线路的组态与装调进行学习。

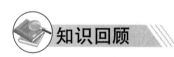

知识回顾

分析接触器控制自动往返控制线路

在实际生产中,有些生产机械(如磨床)的工作台要求在一定行程内自动往返运动,以便实现对工件的连续加工,提高生产效率,这就需要电气控制线路能控制电动机实现自动换接正反转。

由行程开关控制的工作台自动往返控制线路如图 5-0-1 所示。右下角是工作台自动往返运动的示意图。

为了使电动机的正反转控制与工作台的左右运动相配合,在控制线路中设置了4 个行程开关 SQ1、SQ2、SQ3、SQ4,并把它们安装在工作台需限位的地方。其中 SQ1、SQ2 用来自动换接电动机正反转控制线路,实现工作台的自动往返;SQ3、SQ4 用作终端保护,以防止 SQ1、SQ2 失灵,工作台越过限定位置而造成事故。在工作台运行路线的两头终点处各安装一个行程开关 SQ3 和 SQ4,它们的动断触点分别串接在正转控制线路和反转控制线路中。当安装在工作台前后的挡铁 1 或挡铁 2 撞击行程开关的滚轮时,行程开关的动断触点分断,切断控制线路,使工作台自动停止。像这样利用生产机械运动部件上的挡铁与行程开关碰撞,使其触点动作来接通或断开线路,以实现对生产机械运动部件的位置或行程的自动控制的方法称为位置控制,又称行程控制或限位控制。实现这种控制要求所依靠的主要电器是行程开关。

在工作台边的 T 形槽中装有两块挡铁,挡铁 1 只能和 SQ1、SQ3 相碰撞,挡铁 2 只能和 SQ2、SQ4 相碰撞。当工作台运动到所限位置时,挡铁碰撞行程开关,使其触点动作,自动换接电动机正反转控制线路,通过机械传动机构使工作台自动往返运动。工作台行程可通过移动挡铁位置来调节,拉开两块挡铁间的距离,行程变长,反之则变短。

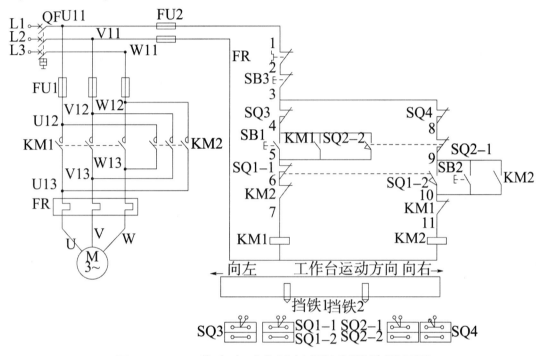

图 5-0-1 工作台自动往返行程控制线路原理图

先合上电源开关 QF,线路工作原理如下。

自动往返运动:

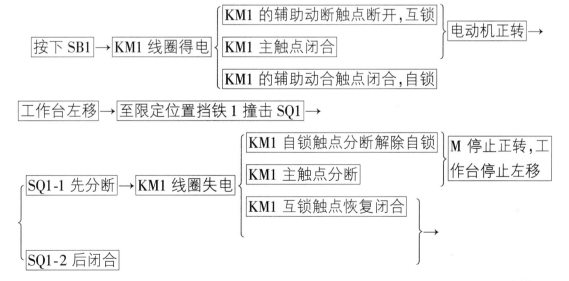

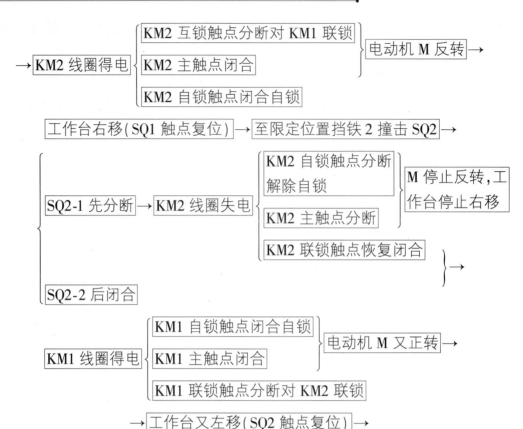

→ KM2 线圈得电 {
KM2 互锁触点分断对 KM1 联锁
KM2 主触点闭合
KM2 自锁触点闭合自锁
} 电动机 M 反转 →

工作台右移(SQ1 触点复位) → 至限定位置挡铁 2 撞击 SQ2 →

{
SQ2-1 先分断 → KM2 线圈失电 {
KM2 自锁触点分断解除自锁
KM2 主触点分断
KM2 联锁触点恢复闭合
} M 停止反转,工作台停止右移 } →

SQ2-2 后闭合
}

KM1 线圈得电 {
KM1 自锁触点闭合自锁
KM1 主触点闭合
KM1 联锁触点分断对 KM2 联锁
} 电动机 M 又正转 →

→ 工作台又左移(SQ2 触点复位) →

以后重复上述过程,工作台就在限定的行程内自动往返运动。

停止:

按下 SB3 → KM1 或 KM2 线圈失电 {
KM1 或 KM2 的辅助动合触点断开
KM1 或 KM2 主触点断开,电动机停转
KM1 或 KM2 的辅助动断触点闭合
}

工作台自动往返控制线路原理

这里 SB1、SB2 分别作为正转起动按钮和反转起动按钮,若起动时工作台在左端,则应按下 SB2 进行起动。

任务一　PLC 控制自动往返控制线路的组态与装调

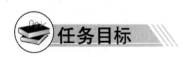

任务目标

技能目标

(1) 能分析 PLC 控制自动往返线路的 I/O 分配表、I/O 接线图、梯形图、原理图;

（2）能组态与装调 PLC 控制的三相交流异步电动机带动工作台自动往返控制线路。

知识目标

熟悉 PLC 控制的自动往返控制线路中各电气元器件的作用。

 **必备知识**

分析 PLC 控制自动往返控制线路原理

1. 分析 I/O 分配表

PLC 控制三相交流异步电动机带动工作台自动往返的 I/O 分配表见表 5-1-1。

PLC 控制三相交流异步电动机带动工作台自动往返的 I/O 分配表

表 5-1-1

类别	外接硬件			PLC	功　能
输入	按钮	SB1	动断	I0.0	停止
		SB2	动合	I0.1	正转（左行）
		SB3	动合	I0.2	反转（右行）
	热继电器	FR	动断	I0.3	过载保护
	行程开关	SQ1	动合	I0.4	左限位
		SQ2	动合	I0.5	右限位
		SQ3	动合	I0.6	左侧终端保护
		SQ4	动合	I0.7	右侧终端保护
输出	交流接触器	KM1	线圈	Q0.0	正转（左行）
		KM2	线圈	Q0.1	反转（右行）

2. 分析 I/O 接线图

图 5-1-1 所示为 PLC 控制三相交流异步电动机带动工作台自动往返的 I/O 接线图，在设计 PLC 控制三相交流异步电动机带动工作台自动往返的 I/O 接线图时，还需要考虑硬件的响应速度，务必要对接触器 KM1 及 KM2 进行互锁，不进行互锁会因为 PLC 扫描周期短，而接触器响应时间慢，极易发生 KM1 与 KM2 主线路短路的现象。

3. 分析 PLC 程序

图 5-1-2 所示为 PLC 控制三相交流异步电动机带动工作台自动往返的 I/O 接线图对应的梯形图，该程序能使电动机实现自动往返控制功能。

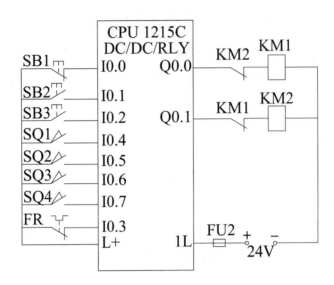

图 5-1-1　PLC 控制三相交流异步电动机带动工作台自动往返的 I/O 接线图

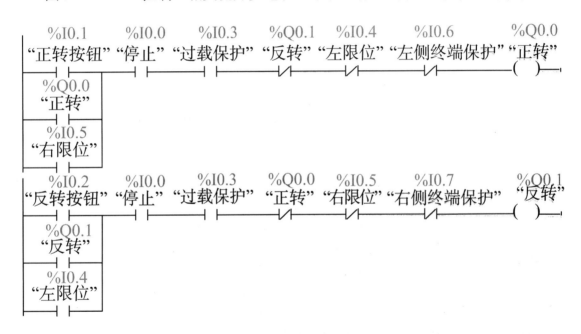

图 5-1-2　自动往返控制程序

4. 分析原理图

根据 I/O 分配表、I/O 接线图及 PLC 程序,可以设计出如图 5-1-3 所示的 PLC 控制三相交流异步电动机带动工作台自动往返控制线路电气原理图。

PLC 控制自动往返控制线路原理

更详细的 PLC 控制三相交流异步电动机带动工作台自动往返控制线路电气原理图的分析请扫码观看视频。

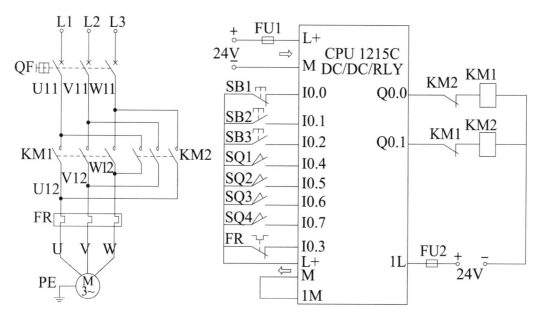

图 5-1-3　PLC 控制三相交流异步电动机带动工作台自动往返控制线路电气原理图

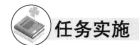

组态与装调 PLC 控制自动往返控制线路

组态与装调如图 5-1-3 所示 PLC 控制三相交流异步电动机带动工作台自动往返控制线路。

1. 组态及仿真

打开编程软件,编写自动往返控制程序,按照自动往返控制的动作要求对所编程序进行仿真演示,确保所编程序无误后,下载程序至 PLC 中。参考程序如图 5-1-2 所示。

2. 领取器材

PLC 控制自动往返控制组态与仿真

根据器材清单(表 5-1-2)中的元器件名称或图形符号领用相应的器材,并用仪表检测元器件,判断其好坏,如元器件有故障,需先进行修复或更换。参照相关元器件实物或其说明书,完成表 5-1-2 中器材品牌、型号(规格)等相关内容的填写。

器材清单　　　　　　　　　　表 5-1-2

符号	元器件名称	品牌	型　　　号	数量	检测	备　　　注
PLC	可编程控制器			1 个		根据实训室配置填写
QF						
FU1						

符号	元器件名称	品牌	型 号	数量	检测	备 注
FU2						
FU3						
KM1						
KM2						
SB1						
SB2						
SB3						
FR						
SQ1						
SQ2						
M						
	冷压端子					
	接线端子排					
	导线					

3. 安装线路

参照图 5-1-4 所示的 PLC 控制三相交流异步电动机带动工作台自动往返控制线路元器件布置参考图及实训场地实际情况,用紧固件将元器件安装在合理位置。在布置元器件时应考虑相同元器件尽量摆放在一起,主线路的相关元器件的安装位置要与其线路图有一定的对应关系,达到布局合理、间距合适、接线方便的要求。元器件安装调整到位后,再根据图 5-1-3 所示的 PLC 控制三相交流异步电动机带动工作台自动往返控制线路电气原理图进行接线。

4. 检测硬件线路

PLC 控制三相交流异步电动机带动工作台自动往返控制线路安装好后,在上电前务必对主线路及 PLC 的 I/O 连线进行检测,主线路的检测方法与图 5-0-1 所示的工作台自动往返行程控制线路的主线路检测方法一样。PLC 的 I/O 连线的检测可分为输入信号的检测及输出信号的检测。对输入信号进行检测:将万用表两表笔分别放在 PLC 要检测的输入端及 L + 两端,分别按下按钮、热继电器复位按钮等输入信号,看输入信号在万用表上显示的通断变化情况。对输出线路的检测:可以将万用表两表笔分别放在 Q0.0 及 Q0.1 两端,此时应为接触器 KM1 与 KM2 两线圈的串联电阻;当用螺丝刀分别压下接触器 KM1 与 KM2 触点时,应为单个接触器的线圈电阻;当用螺丝刀同时压下接触器 KM1 与 KM2 触点时,因为接触器 KM1 与 KM2 的互锁关系,此时电阻值应为无穷大。将检测数据记录下来,并分析检测数据是否正常。

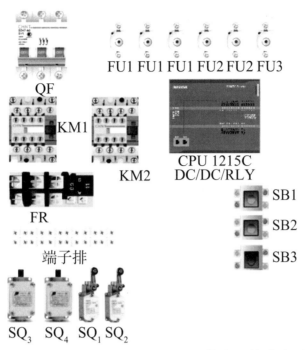

图 5-1-4　PLC 控制三相交流异步电动机带动工作台自动往返控制
　　　　　线路元器件布置参考图

将主线路检测数据填入表 5-1-3,并根据检测数据,对主线路进行分析,如果线
路异常,需及时查明原因。

PLC 控制三相交流异步电动机带动工作台
自动往返控制线路主线路检测数据　　　　表 5-1-3

项目	元器件状态	万用表表笔位置	阻值(Ω)	结果判断	备注
主电路检测	未压下接触器 KM1 或 KM2	U11 与 V11			
		U11 与 W11			
		V11 与 W11			
	压下接触器 KM1	U11 与 V11			
		U11 与 W11			
		V11 与 W11			
	压下接触器 KM2	U11 与 V11			
		U11 与 W11			
		V11 与 W11			
	同时压下接触器 KM1 与 KM2	U11 与 W11			

将 I/O 连线检测数据填入表 5-1-4,并根据检测数据,对 I/O 连线进行分析,如果 I/O 连线异常,需及时查明原因。

PLC 控制三相交流异步电动机带动工作台

自动往返控制线路 I/O 连线检查表   表 5-1-4

输 入 检 测				输 出 检 测			
万用表 表笔位置	初始 阻值	切换状态 后阻值	结果 分析	万用表 表笔位置	动作	阻值	结果 分析
I0.0 与 L+ ←				Q0.0 与 Q0.1	初始 状态		
I0.1 与 L+ ←				Q0.0 与 Q0.1	压下 KM1		
I0.2 与 L+ ←				Q0.0 与 Q0.1	压下 KM2		
I0.3 与 L+ ←				Q0.0 与 Q0.1	同时压 下 KM1 与 KM2		
I0.4 与 L+ ←							
I0.5 与 L+ ←							
I0.6 与 L+ ←							
I0.7 与 L+ ←							

5. 调试线路

检查接线并分析所测数据无误及程序下载完成后,就可以在熔座上安装熔管,合上断路器 QF,接通交流电源,此时电动机不转。假设工作台停在中间,按下正转或反转按钮,电动机应起动向一个方向转动,带动工作台运动,这里要结合行程开关位置操作行程开关,实现自动往返。按下停止按钮,电动机应停转,工作台停止。若线路不能正常工作,则应先切断电源,排除故障后才能重新上电。

任务总结与评价

参考附录 1:PLC 控制三相交流异步电动机控制线路的组态与装调评价表,对 PLC 控制自动往返控制线路的组态与装调进行评价,并根据学生完成的实际情况进行总结。

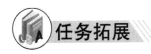

任务拓展

计数器指令实现电动机自动往返次数控制

1. 增计数器

可以使用"加计数"指令,如图 5-1-5 所示,递增输出 CV 的值。如果输入 CU 的信号状态从"0"变为"1"(信号上升沿),则执行该指令,同时输出 CV 的当前计数器值加 1。每检测到一个信号上升沿,计数器值就会递增,直到达到输出 CV 中所指定数据类型的上限。达到上限时,输入 CU 的信号状态将不再影响该指令。

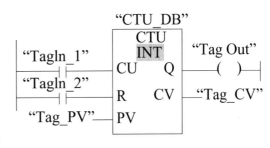

图 5-1-5　增计数器

可以查询 Q 输出中的计数器状态。输出 Q 的信号状态由参数 PV 决定。如果当前计数器值大于或等于参数 PV 的值,则将输出 Q 的信号状态置位为"1"。在其他任何情况下,输出 Q 的信号状态均为"0"。

输入 R 的信号状态变为"1"时,输出 CV 的值被复位为"0"。只要输入 R 的信号状态仍为"1",输入 CU 的信号状态就不会影响该指令。

2. 增减计数器

图 5-1-6 所示为增减计数器示例,如果输入"Tagln_1"或"Tagln_2"的信号状态从"0"变为"1"(信号上升沿),则执行"加减计数"指令。输入"Tagln_1"出现信号上升沿时,当前计数器值加 1 并存储在输出"Tag_CV"中。输入"Tagln_2"出现信号上升沿时,计数器值减 1 并存储在输出"Tag_CV"中。输入 CU 出现信号上升沿时,计数器值将递增,直至其达到上限值 32767。输入 CD 出现信号上升沿时,计数器值将递减,直至其达到下限 (INT = −32768)。

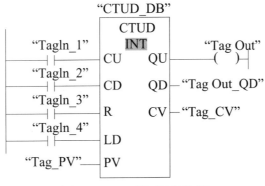

图 5-1-6　增减计数器

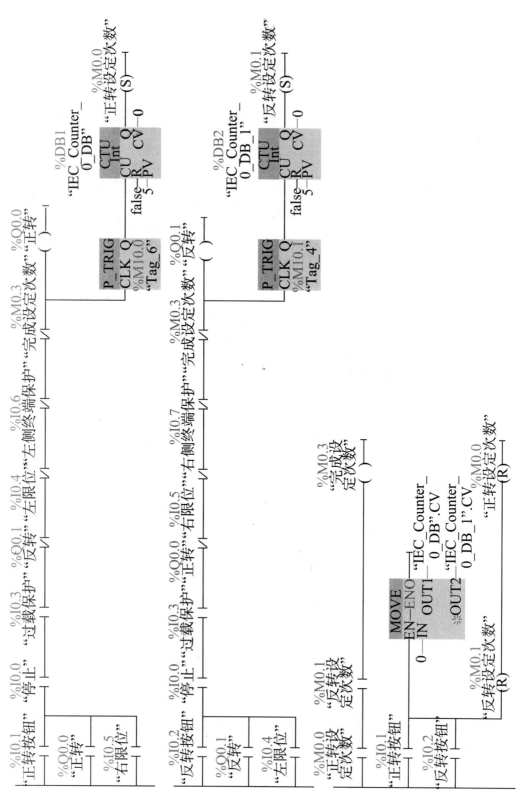

图 5-1-7 自动往返循环 5 次控制线路参考梯形图

只要当前计数器值大于或等于"Tag_PV"输入的值,"TagOut"输出的信号状态就为"1"。在其他任何情况下,输出"TagOut"的信号状态均为"0"。

只要当前计数器值小于或等于0,"TagOut_QD"输出的信号状态就为"1"。在其他任何情况下,输出"TagOut_QD"的信号状态均为"0"。

3.高速计数器

高速计数器采用中断方式进行计数,与PLC的扫描周期无关。与内部计数器相比除允许输入频率高之外,应用也更为灵活,高速计数器均有断电保持功能,通过参数设定也可变成非断电保持。

4.计数器指令实现电动机自动往返次数控制

在PLC控制三相交流异步电动机带动小车自动往返循环控制线路中,如果要求小车自动往返循环5次后停下来,应该如何实现呢?表5-1-5是输入输出信号表,图5-1-7所示为参考梯形图。

输入输出信号表　　　　　　　　　　　　表5-1-5

类别	外接硬件			PLC	功　能
输入	按钮	SB1	动断	I0.0	停止
		SB2	动合	I0.1	正转(左行)
		SB3	动合	I0.2	反转(右行)
	热继电器	FR	动断	I0.3	过载保护
	二线式接近开关	SQ1	动合	I0.4	左限位
		SQ2	动合	I0.5	右限位
		SQ3	动合	I0.6	左侧终端保护
		SQ4	动合	I0.7	右侧终端保护
输出	交流接触器	KM1	线圈	Q0.0	正转(左行)
		KM2	线圈	Q0.1	反转(右行)

思考与练习

1. 在图5-1-3所示的PLC控制三相交流异步电动机带动工作台自动往返控制线路电气原理图中,左限位、右限位的作用是什么?

2. 在图5-1-3所示的PLC控制三相交流异步电动机带动工作台自动往返控制线路电气原理图中,左侧终端保护、右侧终端保护的作用是什么?

任务二　触摸屏 + PLC + 变频器控制自动往返控制线路的组态与装调

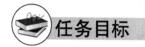

任务目标

技能目标

(1)能根据接近开关信号选择PLC使用源型或漏型输入;

(2)能分析触摸屏 + PLC + 变频器控制的自动往返的I/O分配表、I/O接线图、梯形图、原理图;

(3)能组态与装调触摸屏 + PLC + 变频器控制的三相交流异步电动机带动工作台自动往返控制线路。

知识目标

熟悉触摸屏 + PLC + 变频器控制的自动往返控制线路中各电气元器件的作用。

一、认识接近开关

1.知悉接近开关的功能

行程开关是有触点开关,在操作频繁时,易产生故障,工作可靠性较低。接近开关是一类开关型的传感器(即无触点开关),它既有行程开关和微动开关的基本功能,又具备动作可靠、性能稳定、频率响应快、应用寿命长、抗干扰能力强等优势,还具有一定的防水、防振、耐腐蚀特点。按工作原理划分,常用接近开关有光电型、电感型、电容型和霍尔型 4 种,被广泛应用于各类自动化生产制造设备之中,图 5-2-1 所示是生产设备中常见的接近开关实物。

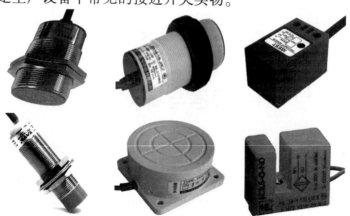

图 5-2-1　常见接近开关实物

2.知悉接近开关的符号及分类

光电型、电容型和霍尔型接近开关的特性同电感式接近开关基本相似,当被检测物靠近接近开关的感应面至动作距离时,不需要机械接触及施加任何压力即可使开关动作,从而避免了机械碰触和运动磨损对接近开关使用寿命的影响。接近开关可直接驱动直流电器,也可给计算机(PLC)装置提供控制指令。接近开关在电路图中的图形符号如图 5-2-2 所示,需要注意的是其触点有动合和动断两种。

按照接近开关引线数量分类,常见类型有两线制和三线制两种,图 5-2-3 所示是二线制和三线制接近开关接线图。两线制接近开关的使用方法与行程开关类似,可以直接将其串联在控制线路中,需要注意的是电流要从红

a)动合触点　　b)动断触点

图 5-2-2　接近开关的图形符号

(棕)线流入、蓝(兰)线流出。三线制接近开关工作时需要另加工作电源,红(棕)色引线接电源正(+)端;蓝色引线接电源 0V(-)端,黄(黑)色引线为信号端,应接负载(负荷);负载端的接线又分为两种情况:①对于 NPN 型接近开关,使能时信号端输出为低电平(0V),因此负载端应接到电源正(+)端;②对于 PNP 型接近开关,使能时信号端输出为高电平(+24V),因此负载端应接到电源 0V(-)端。接近开关的负载可以是信号灯、继电器线圈或可编程控制器 PLC 的数字量输入模块等。

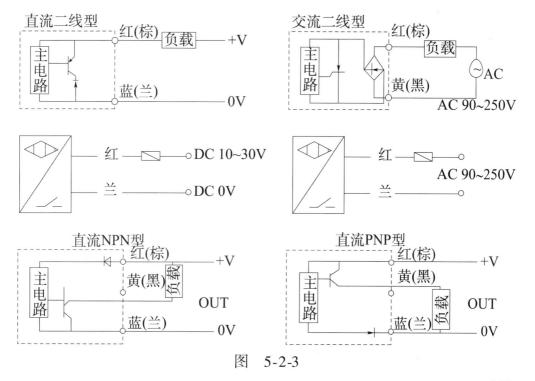

图　5-2-3

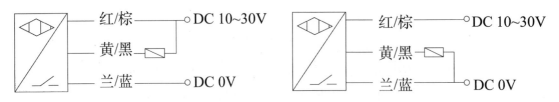

图 5-2-3　二线制与三线制接近开关接线图

二、PLC 的源型与漏型输入

西门子 S7-1200 的数字量输入模块 SM1221 及 CPU 模块本身集成的 I/O 数字通道,既支持源型输入,又支持漏型输入。采用这种模块可以根据项目设计的习惯,选择源型或者漏型输入接线方式。此类型的 PLC 公共端既可以流出电流,也可以流入电流(即 PLC 公共端既可以接电源的正极,也可以接负极),同时具有源输入电路和漏输入电路的特点,所以可以把这种输入电路称为混合型输入电路。其作为源型输入时,公共端 M 接电源的正极 + ;作为漏型输入时,公共端 M 接电源的负极 − 。这样,可以根据现场的需要来接线,给接线工作带来极大的灵活。

需要注意的是:因各品牌厂家 PLC 设计使用的不同,对于源型和漏型的定义也相对不同(例如三菱的定义和西门子的定义正好相反),图 5-2-4 所示为西门子 PLC 源型与漏型输入电气原理图。

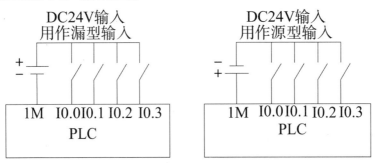

图 5-2-4　西门子 PLC 源型与漏型输入电气原理图

三、小车自动往返上下料系统触摸屏画面的组态

在 TIA 博途软件中新建一个 S7 − 1200 工程,然后添加一台 KTP700 Basic 型触摸屏设备,设置好触摸屏与 PLC 的通信参数,新建画面并完成图 5-2-5 所示对象的创建,然后按照以下步骤进行相关参数的设置。

第一步:为正转、反转、停止、次数复位 4 个输入信号和正转指示灯、反转指示灯、停止指示灯 3 个输出信号添加 I/O 域,通过设置"数值显示"的属性,将 PLC 变量"往返次数"连接到往返次数显示框,如图 5-2-5 所示。

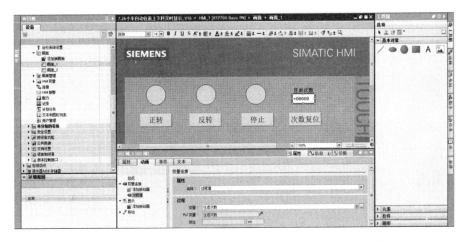

图 5-2-5　PLC 控制小车自动往返上下料的往返次数触摸屏显示画面

第二步：调用图形库中的小车对象，把小车添加到画面之中，选中小车单击【属性】－＞【动画】按钮，单击【移动】属性下"添加新动画"，选择"直接移动"，在右侧窗口中设置"×位置"的偏移量为"偏移量"，如图5-2-6所示。

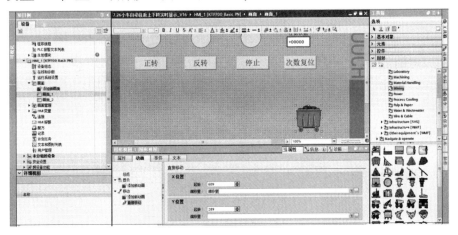

图 5-2-6　PLC 控制小车自动往返上下料的触摸屏小车画面 1

第三步：在图形库中选择"添加物料"对象，并将其拖放到小车上方适当位置，如图5-2-7所示，选中物料对象单击【属性】－＞【动画】，配置其"可见性"参数，设置"变量"参数为"正转线圈"，范围选择"1"，可见性选择"可见"。上述设备的目的是：当小车上料完成电动机正转起动时，物料对象处于显示状态，表示此时小车中有物料，当小车将物料运行至左侧卸料处，电动机正转停止，此时物料对象隐藏，表示小车中的物料已经卸完。

第四步：选中物料对象，单击【属性】－＞【动画】，配置移动参数，单击"添加新动画"，选择"直接移动"，设置物料 X 方向"偏移量"为偏移量，如图5-2-8所示，这样设置的目的是：使物料和小车沿 X 方向的水平移动能够同步。

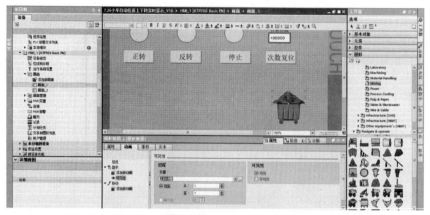

图 5-2-7　PLC 控制小车自动往返上下料的触摸屏物料画面 2

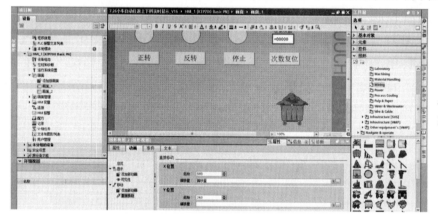

小车自动往返上下料
系统触摸屏画面组态

图 5-2-8　PLC 控制小车自动往返上下料的触摸屏物料画面

四、分析触摸屏 + PLC + 变频器端子控制自动往返控制线路原理

1. 分析 I/O 分配表

根据触摸屏 + PLC + 变频器端子控制自动往返系统的工艺要求,对 PLC 的输入输出地址分配见表 5-2-1。

触摸屏 + PLC + 变频器控制三相交流异步电动机

自动往返控制的 I/O 分配表　　　表 5-2-1

类　　别		外　接　硬　件		PLC	功　　能
输入	触摸屏	正转	复归型软按键	M0.0	正转控制
		反转	复归型软按键	M0.1	反转控制
		停止	复归型软按键	M0.2	停止控制
		次数复位	复归型软按键	M1.0	往返次数清零
	接近开关	开关 1	三线制接近开关	I0.0	下料完成
		开关 2	三线制接近开关	I0.1	上料完成

续上表

类　　别		外接硬件		PLC	功　　能
输出	触摸屏	正转灯	位状态指示灯	M0.3	正转指示
		反转灯	位状态指示灯	M0.4	反转指示
		停止灯	位状态指示灯	M0.5	停止指示
	变频器	DI0	STF 是正转信号端子	Q0.0	正转
		DI4	固定转速 1	Q0.2	
		DI1	STR 是反转信号端子	Q0.1	反转
		DI5	固定转速 2	Q0.3	

2. 分析 I/O 接线图

图 5-2-9 所示为触摸屏 + PLC + 变频器控制小车自动往返的 I/O 接线图,在触摸屏上设计了正转、反转、停止功能复归型按钮及电动机运行状态指示。

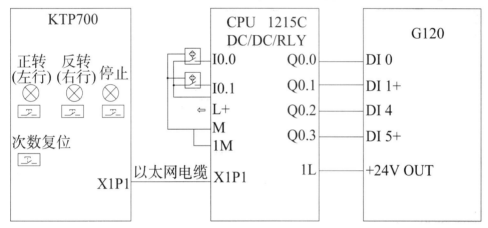

图 5-2-9　触摸屏 + PLC + 变频器控制小车自动往返 I/O 接线图

3. 分析 PLC 程序

图 5-2-10 所示为触摸屏 + PLC + 变频器控制小车自动往返的 PLC 梯形图,该程序能通过触摸屏实现电动机自动往返控制功能,触摸屏上的运行状态指示灯能反映出电动机的运行状态。由于西门子 G120 变频器使用端子无法快速切换电动机正反转,所以当电动机由正转变为反转时,设定“反转延时起动”定时器延时 1s 再接通反转输出,当电动机由反转变为正转时,设定“正转延时起动”定时器延时 1s 再接通正转输出。

INC 叫递增指令,该指令的功能是每执行一次就将操作数进行一次加 1 操作,如图 5-2-10 梯形图程序中,在反转线圈得电的情况下,系统脉冲继电器 M40.0 以 10Hz 的频率发出上升沿脉冲,当 MW2(偏移量)数值小于 0 时,每隔 0.1sINC 指令执行一次,“偏移量”的值就会加 1 一次,最终表现为“偏移量”的值随正转线圈得电时间而均匀增大。DEC 叫递减指令,该指令的功能同 INC 指令相似,区别是每执行一次就将操作数进行一次减 1 操作。在图 5-2-10 梯形图程序中,正转线圈得电时"偏移量"每 0.1s 减 1,反转线圈得电时"偏移量"每隔 0.1s 减 1。用加计数器(CTU)和除法(DIV)指令记录小车自动往返次数。变频器使用预定义接口宏 1。

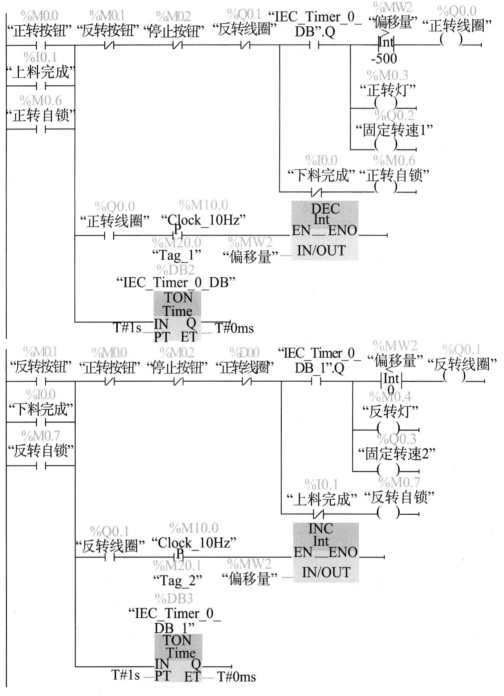

图　5-2-10

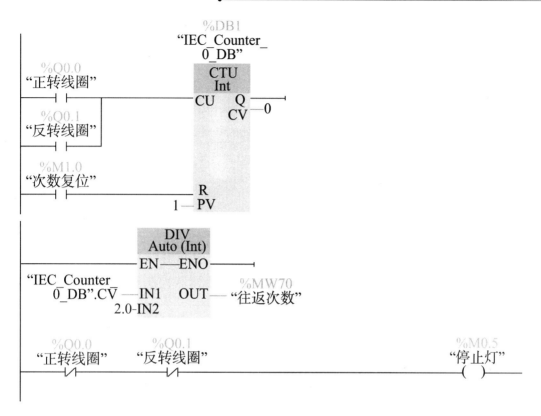

图 5-2-10　PLC 控制三相交流异步电动机自动往返 PLC 程序示意图

4.分析原理图

根据 I/O 分配表、I/O 接线图及 PLC 程序,可以设计出如图 5-2-11 所示的触摸屏 + PLC + 变频器控制小车自动往返控制线路原理图。

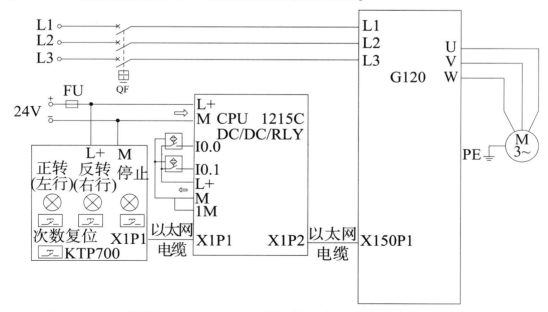

图 5-2-11　触摸屏 + PLC + 变频器控制小车自动往返控制线路原理图

更详细的触摸屏＋PLC＋变频器控制三相交流异步电动机小车自动往返控制线路原理的分析请扫码观看视频。

触摸屏＋PLC＋变频器端子控制
自动往返控制线路原理

任务实施

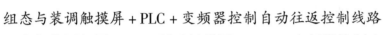

触摸屏＋PLC＋变频器端
子控制自动往返控制的组
态与仿真

组态与装调触摸屏＋PLC＋变频器控制自动往返控制线路

组态与装调如图 5-2-11 所示触摸屏＋PLC＋变频器控制小车自动往返控制线路。

1. 组态与仿真

打开编程软件,编写触摸屏＋PLC＋变频器控制三相交流异步电动机带动小车自动往返控制的触摸屏画面及 PLC 控制程序,按照自动往返控制的动作要求对所编写的程序进行仿真演示,确保所编程序无误后,下载程序至触摸屏或 PLC 中。触摸屏参考画面如 图 5-2-8 所示。

2. 领取器材

根据器材清单(表5-2-2)中的元器件名称或图形符号领用相应的器材,并用仪表检测元器件,判断其好坏,如元器件有故障,需先进行修复或更换。参照相关元器件实物或其说明书,完成表5-2-2中器材品牌、型号(规格)等相关内容的填写。

触摸屏＋PLC＋变频器控制三相交流异步电动机带动小车
自动往返控制线路器材清单   表 5-2-2

符号	元器件名称	品牌	型　　号	数量	检测	备　　注
PLC	可编程控制器	西门子	CPU1215C DC/DC/RLY	1 个		根据实训室配置填写
QF	低压断路器					
FU	熔断器					
SQ1	接近开关1					

符号	元器件名称	品牌	型　　号	数量	检测	备　　注
SQ2	接近开关2					
M	电动机					
	开关电源					
	变频器					
	触摸屏					
	冷压端子					
	接线端子排					
	导线					

3. 安装线路

参照图 5-2-12 所示的元器件布置参考图及实训场地实际情况,用紧固件将元器件安装在合理位置,再根据图 5-2-11 所示的触摸屏 + PLC + 变频器端子控制三相交流异步电动机带动小车自动往返控制线路原理图进行接线。

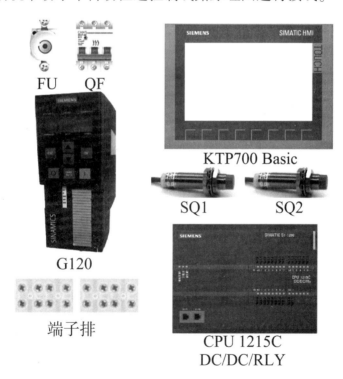

FU　　QF

KTP700 Basic

SQ1　　　　SQ2

G120

端子排

CPU 1215C
DC/DC/RLY

图 5-2-12　触摸屏 + PLC + 变频器端子控制三相交流异步电动机
带动小车自动往返控制线路元器件布置参考图

4. 检测硬件线路

触摸屏 + PLC + 变频器控制三相交流异步电动机带动小车自动往返控制线路

安装好后,在上电前务必对接线及 I/O 连线进行检测,需特别注意各器件的电压等级。另外,还需要检查触摸屏与 PLC 及变频器的通信连接是否牢固。

(1)检测主电路:

①使用万用表欧姆挡测量低压断路器 QF 下端至变频器电源输入端(L1、L2、L3)三相电源线是否存在开路或短路故障;

②使用万用表交流电压挡(500V 或 750V)测量低压断路器 QF 上端三相交流电源的线电压,检测是否存在过电压、欠电压、缺相故障。

(2)检测 24V 电源电路(拆下熔断器 FU 中的熔管):

①使用万用表欧姆挡测量熔断器 FU 下端至 PLC 电源输入 L+ 端和开关电源 GND(−)端至 PLC 电源输入 M 端是否存在开路或短路故障;

②使用万用表欧姆挡测量熔断器 FU 下端至触摸屏电源输入端 L+ 和开关电源 GND(−)端至触摸屏电源输入 M 端是否存在开路或短路故障;

③使用万用表直流电压挡(50V 或 100V)测量开关电源输出 24V 直流电压是否正常。

(3)检测 PLC 输入电路:

①使用万用表欧姆挡测量 PLC 直流电源正极输出端 L 至接近开关 SQ1 和 SQ2 的电源正极(红/棕)端连接是否正确;

②使用万用表欧姆挡测量 PLC 直流电源负极输出端 M 至接近开关 SQ1 和 SQ2 的电源负极(蓝/兰)端连接是否正确;

③使用万用表欧姆挡测量接近开关 SQ1 和 SQ2 信号输出端(黑)至 PLC 信号输入端 I0.0 和 I0.1 连接是否正确;

④使用万用表欧姆挡测量 PLC 输入信号公共端 1M 至 PLC 直流电源输出负极 M 连接是否正确。

(4)检测 PLC 输出(变频器控制端)电路:

①使用万用表欧姆挡测量 PLC 输出端(Q0.0、Q0.1、Q0.2、Q0.3)、输出公共端 1L 和变频器外部控制端(DI0、DI1+、DI4、DI5+)、+24V 输出端连接是否正确;

②使用万用表欧姆挡测量变频器 DI1−、DI5−、DICOM1 和 GND 连接是否正确。

5.设置变频器参数

接通变频器工作电源,先将变频器参数恢复出厂设置,再按表5-2-3去设置变频器的相关参数,完成参数设置后,出现 A07991 报警,需进入手动模式,给变频器起动指令。

设置宏接口参数,选择"PARAMS",按下"OK"键,修改"P10"为1(改1才可以设宏接口),然后在宏设置"P15"选择1(宏程序1)然后再把P10改为0。

三相交流异步电动机带动小车自动往返控制线路变频器参数表 表5-2-3

变频器参数	设　定　值	说　　明
P0304	380	电动机额定电压(380V)
P0305	0.63	电动机额定电流(0.63A)
P0307	0.18	电动机额定功率(0.18kW)
P0311	1400	电动机额定转速(1400r/min)
P1080	0	电动机的最小转速
P1120	2	电动机的加速时间(2s)
P1121	2	电动机的减速时间(2s)

6. 调试线路

检查接线及程序下载完成后,就可以在熔座上安装熔管,接通交流电源,此时电动机不转。按下复归型软按键正转按钮,电动机应正向转动,触摸屏上的正转指示灯点亮,工作台左移;到达左限位(遮挡左限位接近开关)电动机先停止正转,正转指示灯熄灭,后反向转动,触摸屏上的反转指示灯点亮,工作台右移;到达右限位(遮挡右限位接近开关)电动机先停止反转,反转指示灯熄灭,后正向转动,工作台又左移。如此反复,实现自动往返运行,"往返次数"能够准确记录往返运行的次数,按下复归型软按键次数复位按钮,"往返次数"立即归零。按下复归型软按键停止按钮,电动机应停转。若线路不能正常工作,则应先切断电源,排除故障后才能重新上电。

 任务总结与评价

参考附录2:触摸屏+PLC+变频器控制三相交流异步电动机控制自动往返线路的组态与装调评价表,对触摸屏+PLC+变频器控制的三相交流异步电动机带动小车自动往返控制线路的组态与装调进行评价,并根据学生完成的实际情况进行总结。

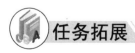 **任务拓展**

触摸屏+PLC+变频器 PROFINET PZD 通信控制自动往返控制线路

使用 PROFINET PZD 通信控制来实现触摸屏+PLC+变频器控制三相交流异步电动机带动小车自动往返控制,需将变频器硬件目录中"子模块"打开,找到"标准报文1,PZD-2/2"模块拖曳到"设备概览"视图的插槽中,表5-2-4是西门子标准报文1功能图,图5-2-15所示为PLC参考梯形图。

西门子标准报文1功能图　　　　　　表5-2-4

西门子标准报文1, PZD-2/2	功　　能	PLC 地址
16#047E	停止	QW68
16#047F	正转	QW68
16#0C7F	反转	QW68
16384	1500r/min	QW70

设置宏接口参数,选择"PARAMS",按下"OK"键,修改"P10"为1(改1才可以设宏接口),然后在宏设置"P15"中选择7(宏程序7),再把P10改为0。

1. 触摸屏画面

图5-2-13所示为触摸屏 + PLC + 变频器 PROFINET PZD 通信控制三相交流异步电动机带动小车自动往返的触摸屏画面,按下正转按钮 PLC 正转线圈输出,正转指示灯亮,并通过接近开关实现自动往返;按下反转按钮 PLC 反转线圈输出,反转指示灯亮,并通过接近开关实现自动往返;按下停止按钮 PLC 停止正(反)转线圈输出,停止指示灯亮。

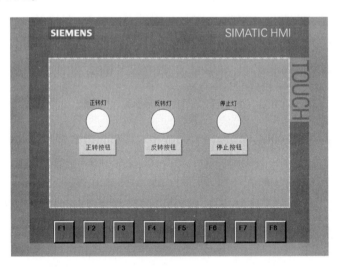

图5-2-13　PLC PROFINET PZD 通信控制三相交流异步电动机自动
　　　　　往返的触摸屏画面

2. 分析 I/O 分配表

触摸屏 + PLC + 变频器 PROFINET PZD 通信控制三相交流异步电动机带动小车自动往返的 I/O 分配表见表5-2-5。

触摸屏+PLC+变频器 PROFINET PZD 通信控制
三相交流异步电动机自动往返的 I/O 分配表　　表 5-2-5

类别	外接硬件			PLC	功　　能
输入	触摸屏	正转	复归型软按键	M0.0	正转控制
		反转	复归型软按键	M0.1	反转控制
		停止	复归型软按键	M0.2	停止控制
	接近开关	开关1	左限位	I0.0	停止正转
		开关2	右限位	I0.1	停止反转
输出	触摸屏	正转指示灯	位状态指示灯	M0.3	正转指示
		反转指示灯	位状态指示灯	M0.4	反转指示
		停止指示灯	位状态指示灯	M0.5	停止指示

3. 分析 I/O 接线图

图 5-2-14 所示为触摸屏+PLC+变频器 PROFINET PZD 通信控制三相交流异步电动机带动小车自动往返的 I/O 接线图,在触摸屏上设计了正转、反转、停止功能复归型按钮及电动机运行状态指示。

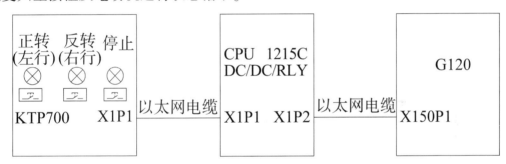

图 5-2-14　PLC PROFINET PZD 通信控制三相交流异步电动机
自动往返的 I/O 接线图

4. 分析 PLC 程序

图 5-2-15 所示为触摸屏+PLC+变频器 PROFINET PZD 通信控制三相交流异步电动机带动小车自动往返的 PLC 梯形图,该程序能通过触摸屏实现电动机自动往返控制功能,触摸屏上的运行状态指示灯能反映出电动机的运行状态。更详细的梯形图程序请参考视频:触摸屏+PLC+变频器通信控制自动往返控制线路的组态与仿真。

5. 分析原理图

根据 I/O 分配表、I/O 接线图及 PLC 程序,可以设计出如图 5-2-16 所示的触摸屏+PLC+变频器 PROFINET PZD 通信控制三相交流异步电动机带动小车自动往返控制线路原理图。

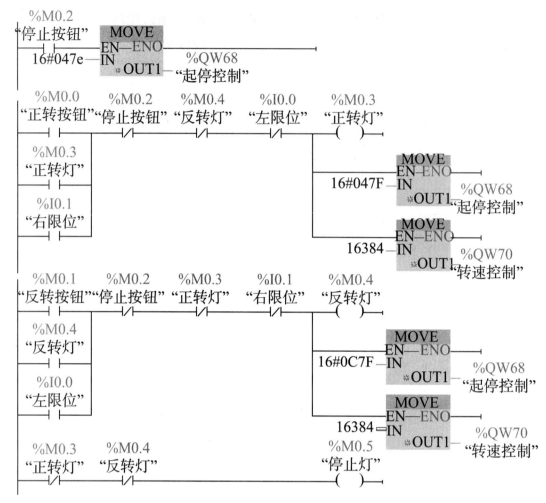

图 5-2-15　PLC PROFINET PZD 通信控制三相交流异步电动机自动往返的 PLC 梯形图

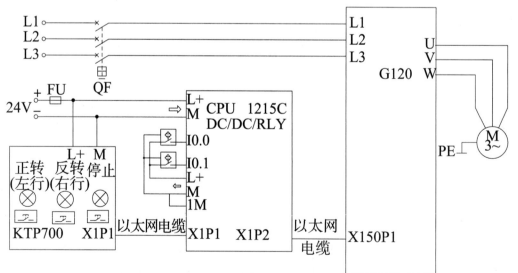

图 5-2-16　PLC PROFINET PZD 通信控制三相交流异步电动机自动往返的原理图

触摸屏＋PLC＋变频器通信控制　　　触摸屏＋PLC＋变频器通信控制小车
小车自动往返控制线路原理　　　　　自动往返控制线路的组态与仿真

思考与练习

利用触摸屏设置自动往返小车的运行速度：

(1) 设计 I/O 分配表；

(2) 设计触摸屏画面；

(3) 能仿真触摸屏画面。

项目六　TIA 博途组态星三角降压起动控制线路

项目概述

三相交流异步电动机因其结构简单、价格便宜、可靠性高等优点被广泛应用，但在起动过程中起动电流较大，所以容量比较大的电动机必须采用特定方式起动。星三角降压起动就是一种简单方便的降压起动方式。

本项目先对传统的星三角降压起动控制线路进行回顾，再分别对 PLC 控制星三角降压起动控制线路的组态与装调、触摸屏 + PLC 控制星三角降压起动控制线路的组态与装调进行学习。

知识回顾

一、认识三相交流异步电动机的星三角转换

常见的降压起动方法有定子绕组串接电阻降压起动、自耦变压器降压起动、星三角降压起动、延边三角形起动等。

通常规定：电源容量在 180kV·A 以上，电动机容量在 7kW 以下的三相异步电动可采用全压起动。否则，则需要进行降压起动。

三相交流异步电动机定子绕组的连接方式，一般有丫形和△两种。

若电动机铭牌标注：电压 380V，接法△，表示电动机的额定电压为 380V，三相定子绕组应接成△形。若铭牌标注电压为 380/220V，接法为丫/△，则表示当电源线电压 380V 时，三相定子绕组应接成丫形，当电源线电压为 220V 时，三相绕组应接成△形。

三相交流异步电动机接线盒外形以及丫形和△形接法如图 6-0-1 所示。

三相交流异步电动机星三角降压起动，就是以改变电动机定子绕组接法来达到降压起动的目的。电动机启动时，把定子绕组接成星形(丫)，以降低起动电压，限制起动电流;待电动机启动后,再把定子绕组改接成三角形(△),使电动机全压运行。

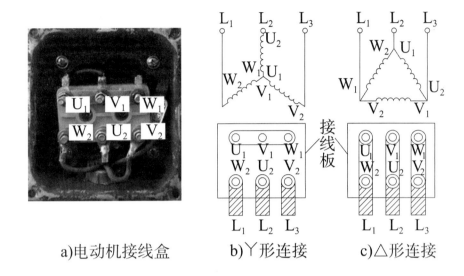

a)电动机接线盒　　　b)丫形连接　　　c)△形连接

图 6-0-1　三相交流异步电动机定子绕组接线法

需要注意的是,只有正常运行时定子绕组作三角形(△)连接的异步电动机才可以采用星三角降压起动方法。电动机启动时定子绕组接成星形,加在每相定子绕组上的起动电压只有三角形接法直接起动时的 $1/\sqrt{3}$,起动电流为直接采用三角形接法的 $1/3$,起动转矩也只有三角形接法直接起动时的 $1/3$。采用星三角起动方式时,起动电流不会对电网造成过大冲击。但转矩变小,所以这种降压起动方法只适用于轻载或空载下起动。

认识三相交流异步电动机星三角转换

二、分析时间继电器自动控制的星三角降压起动控制线路

图 6-0-2 所示的三相交流异步电动机时间继电器自动控制的星三角降压起动控制线路,通过时间继电器 KT 来控制丫形降压起动时间和完成星三角自动切换,从而实现了自动控制。控制线路的动作过程如下。

时间继电器自动控制的三相交流异步电动机星三角降压起动控制线路原理

降压起动:先合上电源开关 QF。

停止时,按下 SB2 即可。

该线路中,接触器 KM丫得电以后,通过 KM丫的辅助动合触点使接触器 KM 得电动作,这样 KM丫的主触点在无负载的条件下闭合完成电动机的星形连接,故可延长接触器 KM丫的主触点的使用寿命。

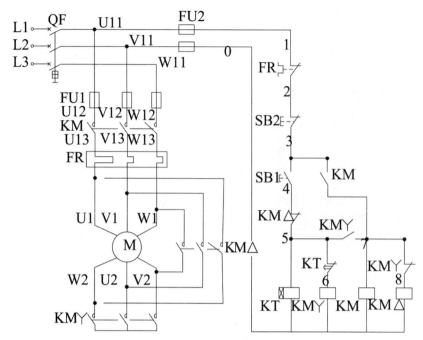

图6-0-2　三相交流异步电动机时间继电器自动控制的星三角降压起动控制线路

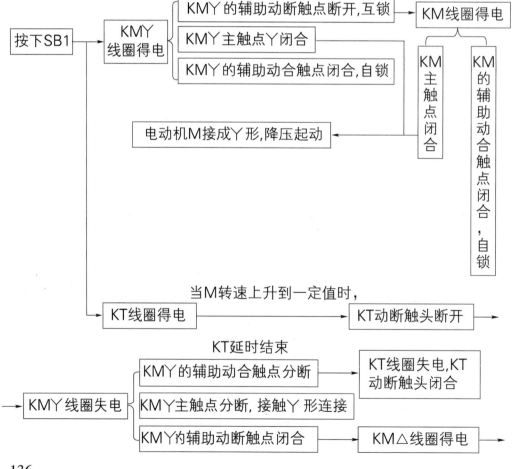

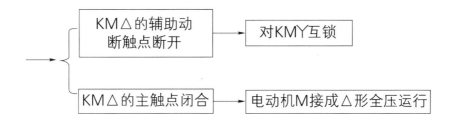

任务一 PLC 控制星三角降压起动控制线路的组态与装调

技能目标

（1）能分析 PLC 控制的星三角降压起动控制的 I/O 分配表、I/O 接线图、梯形图、原理图；

（2）能组态与装调 PLC 控制的三相交流异步电动机星三角降压起动控制线路。

知识目标

（1）认识 IEC 定时器；

（2）熟悉 PLC 控制的星三角降压起动线路中各电气元器件的作用。

一、认识定时器

8 个连续的二进制位组成一个字节（Byte），16 个连续的二进制位组成一个字（Word），两个连续的字元件组成一个双字（Double Word）。定时器和计数器的当前值和设定值均为有符号字，最高位（第 15 位）为符号位，正数的符号位为 0，负数的符号位为 1。有符号可以表示的最大正整数为 32767。

IEC 定时器的数据（设定值、当前值等）存储在指定的数据块中，用户程序中可以使用的定时器的数量仅受 CPU 存储容量大小的限制。

IEC 定时器中常用的参数有五个（可以访问控制）：

（1）IN（Input，定时器起动，Start timer）；

（2）R（Reset，定时器复位，Reset timer）；

（3）PT（Preset time，时间预设值，必须大于 0）；

（4）ET(Elapse time，当前时间值，时间流逝值)；

（5）Q(Ouput，输出)。

IEC 定时器的时间值是一个 32 位的双整型变量(DInt)，默认为毫秒(ms)，最大定时值为 2147483647ms。当然，以毫秒计算有时候是不方便的，S7-1200 也支持以 天-小时-分钟-秒的方式计时，在时间值的前面加上符号"T#"，比如定时 200s，写作 T# 200s；定时 1 天 – 2h – 30min – 5s – 200ms，写作：T#1d_2h_30m_5s_200ms，如 图 6-1-1 所示。

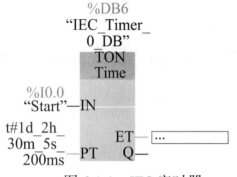

图 6-1-1　IEC 定时器

1. 脉冲定时器（TP）

脉冲定时器（TP）用来产生一定时间宽度的脉冲信号，当 IN 信号从 0 变为 1 时，定时器开始计时，此时输出 Q 为 1，;在整个时间流逝的过程中，无论输入 IN 的信号是否变化，输出 Q 始终为 1；当实际值 ET 大于或等于预设值 PT 时，输出 Q 变为 0；当输入值 IN 再次从 0 变为 1 时，定时器重新计时；TP 工作的时序图如 图 6-1-2 所示。

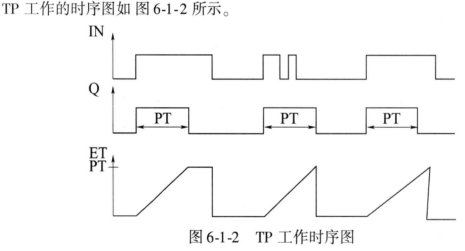

图 6-1-2　TP 工作时序图

2. 接通延时定时器（TON）

接通延时定时器（TON）将信号延时。接通当输入信号 IN 从 0 变为 1 时，定时器开始计时，此时输出 Q 为 0。在计时的过程中，如果时间流逝值 ET 大于或等于预设值 PT 且输入 IN 的信号为 1 时，输出 Q 为 1；在计时过程中，如果输入 IN 的信号从 1 变为 0，则定时器停止计时。若再次从 0 变为 1，则定时器重新开始计时。当输出 Q 为 1 时，若输入 IN 从 1 变为 0，则输出 Q 变为 0，如图 6-1-3 所示。

3. 断开延时定时器（TOF）

某些主设备(例如大型变频调速电动机)在运行时需要用电风扇冷却，停机后电风扇应延时一段时间才能断电。用户可以用断开延时定时器来方便地实现这一功能,用反映主设备运行的信号作为断开延时定时器的输入信号。

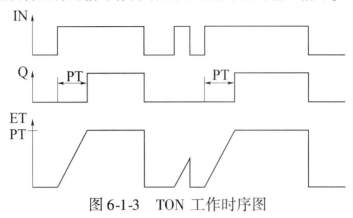

图 6-1-3　TON 工作时序图

延时断开定时器(TOF)将某个信号延时断开。当输入信号 IN 从 0 变为 1 时,定时器起动,此时输出 Q 为 1。当输入信号 IN 从 1 变为 0 时,定时器开始计时,输出 Q 保持为 1,当流逝的时间值 ET 大于或等于预设的时间值 PT 且输入 IN 保持为 0 时,输出 Q 变为 0。在时间流逝的过程中,若输入 IN 从 0 变为 1,则定时器复位,当从 1 变为 0 时,定时器重新开始计时,如图 6-1-4 所示。

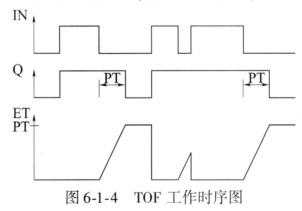

图 6-1-4　TOF 工作时序图

4. 保持型接通延时定时器(TONR)

时间累加器可以对输入信号 IN 的状态 1 信号进行累加。当输入信号 IN 从 0 变为 1 时,定时器开始计时,此时输出 Q 的值为 0。

定时器计时的过程中,流逝的时间被记录在 ET 中。若在到达预设值 PT 之前,输入信号从 1 变为 0,则定时器停止计时。当下次输入信号 IN 从 0 变为 1 时,定时器从上次记录的 ET 值开始继续计时,直到 ET 累计的时间大于或等于 PT 时,输出 Q 变为 1。

当输出 Q 变为 1 时,无论输入 IN 的信号怎么变化,都保持为 1。当复位信号 R 从 0 变为 1 时,输出 Q 和时间流逝值 ET 均被复位为 0,如图 6-1-5 所示。

5. 使用定时器的注意事项

定时器的执行条件与触发它的条件是有关系的,每种定时器都不太一样,但原理相通。当扫描到触发端时,由触发端决定定时器的计时是否开始、停止或继续。

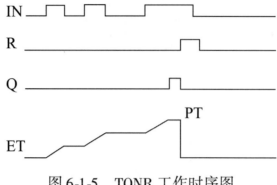

图 6-1-5　TONR 工作时序图

　　要想很好地使用定时器,使用时都得考虑定时器的特性和程序指令执行的先后顺序,也就是要注意到,定时器计时结束的时刻到下一次程序中调用到定时器的节点,一定要有足够充裕的时间,让程序来捕捉,以免造成不必要的情况。

　　编程时不仅要考虑逻辑,还要考虑定时器的运行方式和动作触发时机,这样才能更好地让定时器为程序服务。

　　定时器的定时精度 IEC 定时器支持最小到 1ms 的定时时间分辨率设定,但如需要定时器时间精度到 1ms,定时器是难以实现的,因为定时器的精度受程序扫描影响,精度将会降低。平均误差约为 1.5 倍扫描周期。最小定时误差为输入滤波器时间减去定时器的分辨率,除非程序扫描周期小于或等于 1ms。

二、分析 PLC 控制丫-△降压起动控制线路原理

1. 分析 I/O 分配表

PLC 控制三相交流异步电动机丫-△降压起动的 I/O 分配表见表 6-1-1。

PLC 控制三相交流异步电动机丫-△降压起动的 I/O 分配表　　表 6-1-1

类别	外接硬件			PLC	功　能
输入	按钮	SB1	动合	I0.0	起动
		SB2	动断	I0.1	停止
	热继电器	FR	动断	I0.2	过载保护
输出	交流接触器	KM	线圈	Q0.0	接通电源
		KM 丫	线圈	Q0.1	丫形连接
		KM △	线圈	Q0.2	△形连接

2. 分析 I/O 接线图

图 6-1-6 所示为 PLC 控制三相交流异步电动机丫-△降压起动的 I/O 接线图,实现三相交流异步电动机由丫起动,并转换为△运行的控制,其 I/O 接线图都是一样的。

在设计 PLC 控制三相交流异步电动机丫-△降压起动的 I/O 接线图时,还需要考虑硬件的响应速度,务必要对接触器 KM 丫及 KM△进行互锁,不进行互锁会因为 PLC 扫描周期短,而接触器响应时间慢,极易发生 KM 丫与 KM△主电路短路的现象。

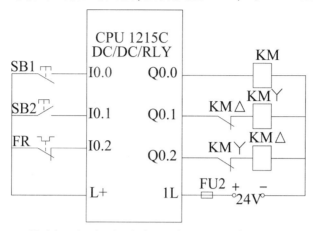

图 6-1-6 PLC 控制三相交流异步电动机丫-△降压起动的 I/O 接线图

3. 分析 PLC 程序

图 6-1-7 所示为 PLC 控制三相交流异步电动机丫-△降压起动的 I/O 接线对应的梯形图,该程序能在 KM 丫的主触点在无负载的条件下闭合,使电动机实现丫连接,并转换为△运行的控制功能。

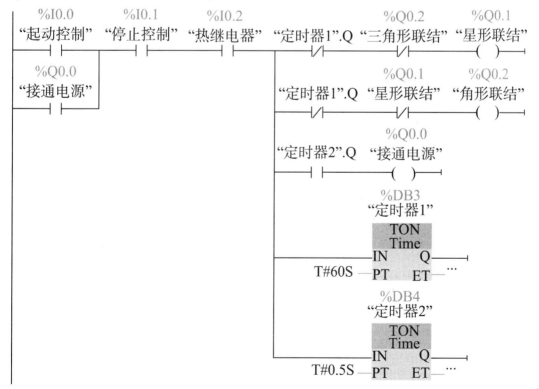

图 6-1-7 电动机丫-△降压起动控制程序

4.分析原理图

根据 I/O 分配表、I/O 接线图及 PLC 程序,可以设计出如图 6-1-8 所示的 PLC 控制三相交流异步电动机丫-△降压起动控制线路的电气原理图。

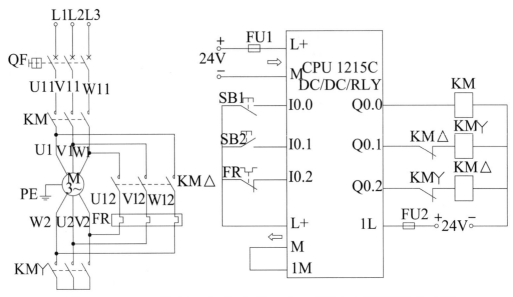

图 6-1-8　PLC 控制三相交流异步电动机丫-△降压起动控制
线路电气原理图

更详细的 PLC 控制三相交流异步电动机丫-△降压起动控制
线路原理的分析请扫码观看视频。

PLC 控制三相交流异
步电动机星三角降压
起动控制线路原理

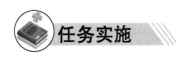 **任务实施**

组态与装调 PLC 控制丫-△降压起动控制线路

组态与装调如图 6-1-8 所示 PLC 控制三相交流异步电动机丫-△降压起动控制
线路。

1.领取器材

根据器材清单(表 6-1-2)中的元器件名称或图形符号领用相应的器材,并用仪表检测元器件,判断其好坏,如元器件有故障,需先进行修复或更换。参照相关元器件实物或其说明书,完成表 6-1-2 中器材品牌、型号(规格)等相关内容的填写。

器 材 清 单　　　　　　　　　　表 6-1-2

符号	元器件名称	品牌	型　　　号	数量	检测	备　　　注
PLC	可编程控制器			1 个		根据实训室配置填写
QF	空气开关					

符号	元器件名称	品牌	型　　号	数量	检测	备　　注
FU1	熔断器					
FU2	熔断器					
FU3	熔断器					
KM	交流接触器					
KM丫	交流接触器					
KM△	交流接触器					
SB1	按钮					
SB2	按钮					
FR	热继电器					
M	电动机					
	冷压端子					
	接线端子排					
	导线					

2. 安装线路

参照图 6-1-9 所示的 PLC 控制三相交流异步电动机丫-△降压起动线路元器件布置参考图及实训场地实际情况,用紧固件将元器件安装在合理位置。在布置元器件时应考虑相同元器件尽量摆放在一起,主电路的相关元器件的安装位置要与其电路图有一定的对应关系,达到布局合理、间距合适、接线方便的要求。元器件安装调整到位后,再根据图 6-1-8 所示的 PLC 控制三相交流异步电动机丫-△降压起动线路电气原理图进行接线。

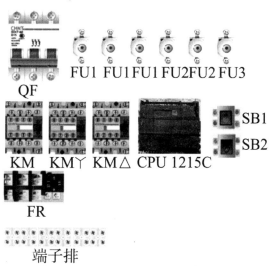

图 6-1-9　PLC 控制三相交流异步电动机丫-△降压起动线路元器件布置参考图

3. 检测硬件线路

PLC 控制三相交流异步电动机丫-△降压起动线路安装好后,在上电前务必对主电路及 PLC 的 I/O 连线进行检测,主电路的检测方法与图 6-1-8 所示的按钮和接触器双重联锁的丫-△降压起动线路的主电路检测方法一样。PLC 的 I/O 连线的检测可分为输入信号的检测及输出信号的检测。对输入信号进行检测:将万用表两表笔分别放在 PLC 要检测的输入端及 L + 两端,分别按下按钮、热继电器复位按钮等输入信号,看输入信号在万用表上显示的通断变化情况。对输出电路的检测:可以将万用表两表笔分别放在 Q0.0 与 Q0.1、Q0.0 与 Q0.2 及 Q0.1 与 Q0.2 两端,此时应为接触器 KM 与 KM丫、KM 与 KM△ 及 KM丫 与 KM△ 两线圈的并联电阻;当用螺丝刀分别压下接触器 KM 触点架时,因无互锁点,Q0.0 与 Q0.1、Q0.0 与 Q0.2 两端线圈电阻不变;当用螺丝刀分别或同时压下接触器 KM丫 与 KM△ 触点架时,因为接触器 KM丫 与 KM△ 的互锁关系,Q0.0 与 Q0.1、Q0.0 与 Q0.2 及 Q0.1 与 Q0.2 两端电阻值应为无穷大。将检测数据记录下来,并分析检测数据是否正常。

将主电路检测数据填入表 6-1-3,并根据检测数据,对主电路进行分析,如果电路异常,需及时查明原因。

PLC 控制三相交流异步电动机丫-△降压起动线路主电路检测数据

表 6-1-3

项目	元器件状态	万用表表笔位置	阻值(Ω)	结果判断	备注
主电路检测	未压下接触器 KM、KM丫、KM△ 触点架	U11 与 V11			
		U11 与 W11			
		V11 与 W11			
	同时压下接触器 KM、KM丫 触点架	U11 与 V11			
		U11 与 W11			
		V11 与 W11			
	同时压下接触器 KM、KM△ 触点架	U11 与 V11			
		U11 与 W11			
		V11 与 W11			

将 I/O 连线检测数据填入表 6-1-4,并根据检测数据,对 I/O 连线进行分析,如果 I/O 连线异常,需及时查明原因。

PLC 控制三相交流异步电动机丫-△降压起动线路 I/O 连线检查表

表 6-1-4

输 入 检 测				输 出 检 测			
万用表表笔位置	初始阻值	切换状态后阻值	结果分析	万用表表笔位置	动作	阻值	结果分析
I0.0 与 L+ ←				Q0.0 与 Q0.1	初始状态		
I0.1 与 L+ ←				Q0.0 与 Q0.1	压下 KM 触点架		
I0.2 与 L+ ←				Q0.0 与 Q0.1	压下 KM丫 触点架		
				Q0.0 与 Q0.2	初始状态		
				Q0.0 与 Q0.2	压下 KM 触点架		
				Q0.0 与 Q0.2	压下 KM△ 触点架		
				Q0.1 与 Q0.2	初始状态		
				Q0.1 与 Q0.2	压下 KM丫 触点架		
				Q0.1 与 Q0.2	压下 KM△ 触点架		
				Q0.1 与 Q0.2	同时压下 KM丫与 KM△ 触点架		

4. 组态及仿真

打开编程软件,编写丫-△降压起动程序,按照丫-△降压起动的动作要求对所编程序进行仿真演示,确保所编程序无误后,下载程序至 PLC 中。参考程序如图 6-1-7 所示。

PLC 控制三相交流异步电动机星三角降压起动控制的组态与仿真

5. 调试线路

检查接线并分析所测数据无误及程序下载完成后,就可以在熔座上安装熔管,合上断路器 QF,接通交流电源,此时电动机不转。按下起动按钮,电动机应由丫起动,计时 60s 后,电动机由丫低压起动转换为△常压运行,可用钳形电流表测量电动机工作电流。按下停止按钮,电动机应停转。若电路不能正常工作,则应先切断电源,排除故障后才能重新上电。

 任务总结与评价

参考附录 1：PLC 控制三相交流异步电动机控制线路的组态与装调评价表,对 PLC 控制的三相交流异步电动机丫-△降压起动线路的组态与装调进行评价(**请注意,本任务中没有变频器**),并根据学生完成的实际情况进行总结。

任务二　触摸屏 + PLC 控制星三角降压起动控制线路的组态与装调

 任务目标

技能目标

(1) 能分析触摸屏 + PLC 控制的降压起动的 I/O 分配表、I/O 接线图、梯形图、原理图;

(2) 能组态与装调触摸屏 + PLC 控制的降压起动控制线路。

知识目标

熟悉触摸屏 + PLC 控制的星三角降压起动控制线路中各电气元器件的作用。

 必备知识

一、触发报警界面

触发报警界面的条件如下。

按下起动按钮,接通电源和星形降压 PLC 输出信号,设定的星三角转换时间(如 60s)到达后,接通三角形信号,电动机全压运行。若超过 70sPLC 没有接收到三角形信号,则触发触摸屏报警,并停止电动机运行。具体触发报警界面梯形图程序如 图 6-2-1 所示,(结合图 6-2-2 触摸屏 + PLC 控制星三角降压起动的梯形图程序观看),按下起动按钮 M0.0 后接通星形信号同时计时器 1 开始计时,到达设定时间后计时器 3 开始计时,计时器 3 到达 10s 安全时间后并且三角形接通信号 i0.1 未接通,将触发 M0.4 输出信号并实现自锁弹出报警提示,触摸屏报警界面如 图 6-2-3 所示。

图 6-2-1　触发报警界面梯形图程序

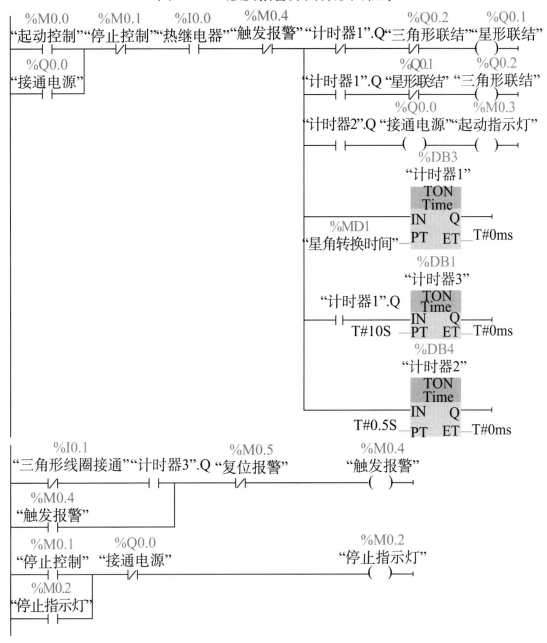

图 6-2-2　触摸屏 + PLC 控制三相交流异步电动机星三角降压起动的
梯形图程序示意图

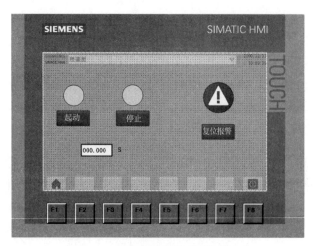

图 6-2-3　触摸屏报警界面

二、分析触摸屏 + PLC 控制星三角降压起动控制线路原理

1. 分析 I/O 分配表

触摸屏 + PLC 三相交流异步电动机星三角降压起动控制的 I/O 分配表见表 6-2-1 。

触摸屏 + PLC 控制三相交流异步电动机

星三角降压起动控制的 I/O 分配表　　　　表 6-2-1

类别	外接硬件		PLC	功能
输入	触摸屏	SB1　复归型软按键	M0.0	起动控制
		SB2　复归型软按键	M0.1	停止控制
		时间预设值　I/O 域	MD1	星角转换时间
	接触器	SB3　复归型软按键	M0.5	复位报警
		KM△　接触器辅助动合触点	I0.1	星角转换超时报警信号
	热继电器	FR　热继电器动断触点	I0.0	热保护
输出	触摸屏	HL1　位状态指示灯	M0.2	停止指示
		HL2　位状态指示灯	M0.3	起动指示
			M0.4	切换报警界面

续上表

类别	外接硬件		PLC	功能
输出	交流接触器	KM 线圈	Q0.0	接通电源
		KM Y 线圈	Q0.1	Y形连接
		KM △ 线圈	Q0.2	△形连接

2. 分析 I/O 接线图

图 6-2-4 所示为触摸屏 + PLC 控制三相交流异步电动机星三角降压起动的 I/O 接线图,在触摸屏上设计了起动、停止功能复归型按钮电动机运行状态指示及星三角降压起动时间设定画面。

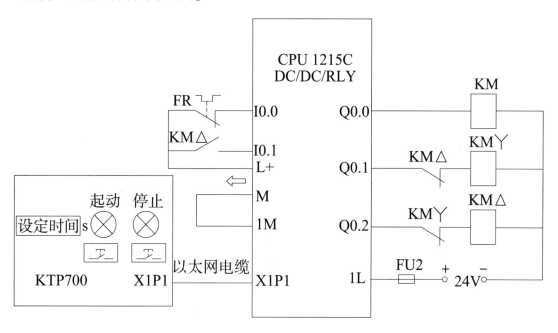

图 6-2-4 触摸屏 + PLC 控制三相交流异步电动机星三角降压起动 I/O 接线图

3. 分析 PLC 程序

图 6-2-2 所示为触摸屏 + PLC 控制三相交流异步电动机星三角降压起动的梯形图程序示意图,该程序能通过触摸屏实现电动机星三角降压起动控制功能,触摸屏上的运行状态指示灯能反映出电动机的运行状态, 星三角降压起动时间可通过触摸屏设定(如可以通过触摸屏设定 TON 的定时时间为 70s),如果设定的转换时间到达后,I0.1 没在 10s 内收到转换成功信号,则会触发超时报警。更详细的梯形图程序请参考视频:三相交流异步电动机星三角降压起动控制梯形图组态与仿真。

4. 分析原理图

根据 I/O 分配表、I/O 接线图及 PLC 程序，可以设计出如图 6-2-5 所示的触摸屏 + PLC 控制三相交流异步电动机星三角降压起动控制线路的电气原理图。

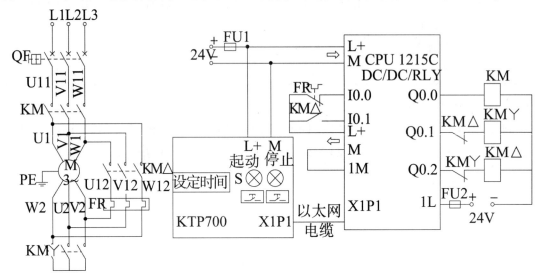

图 6-2-5　触摸屏 + PLC 控制三相交流异步电动机星三角降压
起动控制线路原理图

更详细的触摸屏 + PLC 控制三相交流异步电动机星三角降压起动控制线路原理的分析请扫码观看视频。

触摸屏 + PLC 控制三相交流异步电动机星三角降压起动控制线路原理

任务实施

组态与装调触摸屏 + PLC 控制星三角降压起动控制线路

组态与装调如图 6-2-5 所示触摸屏 + PLC 控制三相交流异步电动机星三角降压起动控制线路。

1. 组态及仿真

打开编程软件，编写触摸屏 + PLC 控制三相交流异步电动机星三角降压起动控制的触摸屏画面及梯形图程序，按照星三角降压起动控制的动作要求对所编写的程序进行仿真演示，确保所编程序无误后，下载程序至触摸屏或 PLC 中。梯形图参考程序如图 6-2-4 所示，触摸屏参考画面如图 6-2-2 所示。

触摸屏 + PLC 控制三相交流异步电动机星三角降压起动控制的组态与仿真

2. 领取器材

根据器材清单(表 6-2-2)中的元器件名称或图形符号领用相应的器材，并用仪表检测元器件，判断其好坏，如元器件有故障，需先进行修复或更换。参照相关元器件实物或其说明书，完成表 6-2-2 中器材品牌、型号(规格)等相关内容的填写。

触摸屏 + PLC 控制的三相交流异步电动机

星三角降压起动控制线路器材清单　　表 6-2-2

符号	元器件名称	品牌	型　　号	数量	检测	备　　注
PLC	可编程控制器			1个		根据实训室配置填写
QF	断路器					
FU	熔断器			2个		
M	电动机			1台		
	触摸屏			1个		
	冷压端子			1个		
	接线端子排			1个		
	导线					

3. 安装线路

参照图 6-2-6 所示的元器件布置参考图及实训场地实际情况,用紧固件将元器件安装在合理位置,再根据图 6-2-5 所示的触摸屏 + PLC 控制三相交流异步电动机星三角降压起动控制线路原理图进行接线。

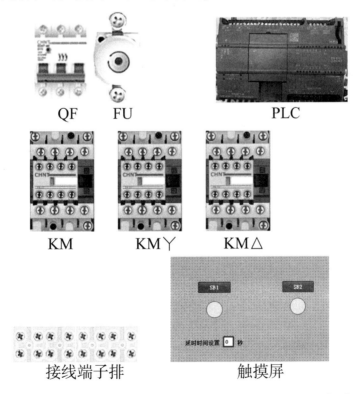

QF　　FU　　　　　　PLC

KM　　　　KM丫　　　　KM△

接线端子排　　　　　　触摸屏

图 6-2-6　触摸屏 + PLC 控制三相交流异步电动机星三角降压起动
控制线路元器件布置参考图

4.检测硬件线路

触摸屏+PLC控制三相交流异步电动机星三角降压起动控制线路安装好后,在上电前务必对接线及I/O连线进行检测,需特别注意各器件的电压等级。另外,还需要检查触摸屏+PLC的通信连接是否牢固。

5.调试线路

检查接线及程序下载完成后,就可以在熔座上安装熔管,接通交流电源,此时电动机不转。按下复归型软按键SB1,电动机应星形起动,触摸屏上的运行指示灯点亮;60s之后,自动切换为三角形运行,触摸屏上三角形指示灯亮;按下复归型软按键SB2,电动机停止转动,指示灯熄灭。若电路不能正常工作,则应先切断电源,排除故障后才能重新上电。可通过触摸屏设置延时时间。

 任务总结与评价

参考附录2:触摸屏+PLC控制三相交流异步电动机控制线路的组态与装调评价表,对触摸屏+PLC控制的三相交流异步电动机星三角降压起动控制线路的组态与装调进行评价(请注意,本任务中没有变频器),并根据学生完成的实际情况进行总结。

 任务拓展

流水灯控制线路原理

流水灯控制线路功能描述:首先点亮第一盏灯,在第一盏灯点亮之后接着点亮第二盏灯,再去点亮第三盏灯,以此类推,直到点亮最后一盏灯,看上去的效果就像从第一盏灯一次流向最后一盏灯,然后全部熄灭,反复循环这一过程。

1.认识指令

(1)扫描操作数的信号上升沿指令。

如图6-2-7所示,使用"扫描操作数的信号上升沿"指令,可以确定所指定操作数1(P上方参数)的信号状态是否从"0"变为"1"。该指令将比较 <操作数1> 的当前信号状态与上一次扫描的信号状态,上一次扫描的信号状态保存在边沿存储位(P下方参数)中。如果该指令检测到逻辑运算结果(RLO)从"0"变为"1",则说明出现了一个上升沿。

(2)循环左移指令。

如图6-2-8所示,可以使用"循环左移"指令将输入IN中操作数的内容按位向左循环移位,并在输出OUT中查询结果。参数N用于指定循环移位中待移动的位数。用移出的位填充因循环移位而空出的位。

（3）复位位域指令。

如图6-2-9所示,使用复位位域指令复位从某个特定地址开始的多个位,指令上方的操作数为要复位的第一个位的地址,指令下方的操作数为要复位的位数。

%M0.5
"Clock_1Hz"
—|P|—
%M1.1
"Tag_2"

ROL
Byte
— EN —— ENO —
%QB0 　　　　%QB0
"Tag_3" —IN　OUT— "Tag_3"
　　　1— N

%Q0.0
"HL1"
—(RESET_BF)—
8

图6-2-7　扫描操作数的信　　图6-2-8　循环左移指令　图6-2-9　复位位域指令
　　　　　号上升沿指令

2. 分析 I/O 分配表

PLC 控制流水灯的 I/O 分配表见表 6-2-3。

PLC 控制流水灯的 I/O 分配表　　　　　表 6-2-3

类　　别	外 接 硬 件	元 件 符 号	PLC 软元件	功　　能
输入	开关按钮	SB1	I0.0	起动
输入	开关按钮	SB2	I0.1	停止
输出	指示灯	HL1 ~ HL8	Q0.0 ~ Q0.7	亮灯

3. 分析 I/O 接线图

图6-2-10 所示为 PLC 控制流水灯的 I/O 接线图,根据现有接线图实现从 HL1 逐一点亮到 HL8 的流水灯的控制步骤。

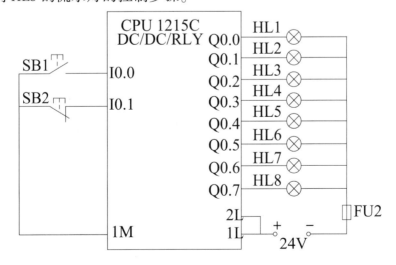

图 6-2-10　PLC 控制流水灯的 I/O 接线图

4. 分析 PLC 程序

PLC 控制流水灯的 PLC 梯形程序图如 6-2-11 所示,初始状态下,Q0.0 ~ Q0.7 八个点均未得电,QB0 = 0,当按下 SB1 起动按钮后 Q0.0 置位为 1,此时由于 Q0.0 = 1,所以 QB0 < > 0,M0.5 每隔 1s 发出一个脉冲,对 QB0 进行一个左移循环,(用左移循环是因为置位的是 Q0.0,按照二进制排列,高位在前,低位在后是以 Q0.7 ~ Q0.0 的方式排列),当按下 SB2 停止按钮后复位掉 Q0.0 ~ Q0.7,QB0 = 0,不管怎么移位灯都不会亮了。

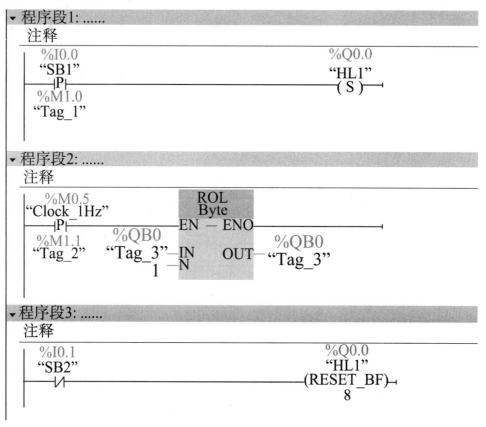

图 6-2-11　PLC 控制流水灯的梯形图

5. 分析原理图

根据 I/O 分配表、I/O 接线图及 PLC 程序,可以设计出如图 6-2-12 所示的 PLC 控制流水灯电气原理图,并根据接线图完成控制步骤。

PLC 控制流水灯线路原理

PLC 控制流水灯线路的组态与仿真

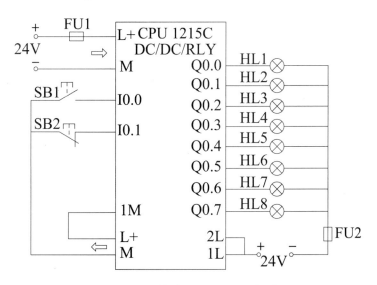

图 6-2-12　PLC 控制流水灯的线路原理图

思考与练习

设计三相交流异步电动机星三角降压起动 PLC 控制线路,要求能两地控制三相交流异步电动机,一处用按钮实现,另一处用触摸屏实现,任何一处都能实现起动和停止。

(1)设计 I/O 分配表;

(2)设计 I/O 接线图;

(3)设计 PLC 控制程序;

(4)设计并完成触摸屏画面的组态。

项目七 TIA 博途组态调速控制线路

 项目概述

生产加工机械常常需要不同的运动速度,除了机械变速之外,电动机也能提供不同的转速。

本项目先对传统的接触器控制低速起动高速运转控制线路进行回顾,再分别对 PLC 控制双速电动机控制线路的组态与装调、触摸屏 + PLC + 变频器控制电动机多段速运转线路的组态与装调进行学习。

 知识回顾

分析接触器控制低速起动高速运转控制线路

图 7-0-1 所示是接触器控制低速起动高速运转双速电动机控制线路原理图,合上断路器 QF,接通电源,即可操作双速电动机低速起动高速运转转动,控制线路的动作过程如下:

低速起动过程:

按下 SB1,SB1 的动断触点先断开,动合触点后闭合 → KM1 线圈得电
- KM1 的辅助动断触点断开,互锁
- KM1 主触点闭合,电动机定子绕组接成 △ 形
- KM1 的辅助动合触点闭合,自锁

→ 电动机低速运行

高速运行过程：

按下 SB2 ┤
├ SB2 的动断触点先断开，KM1 线圈失电 ┤
├ KM1 自锁触点断开
├ KM1 互锁触点恢复闭合

├ SB2 的动合触点后闭合，KM2、KM3 线圈得电 ┤
├ KM2、KM3 的辅助动断触点断开，互锁
├ KM2、KM3 的辅助动合触点闭合，自锁
├ 电动机高速运行

停止控制过程：

按下 SB3 → KM1 或 KM2、KM3 线圈失电 ┤
├ KM1 或 KM2、KM3 的辅助动合触点断开
├ KM1 或 KM2、KM3 的主触点断开，电动机停转
├ KM1 或 KM2、KM3 的辅助动断触点闭合

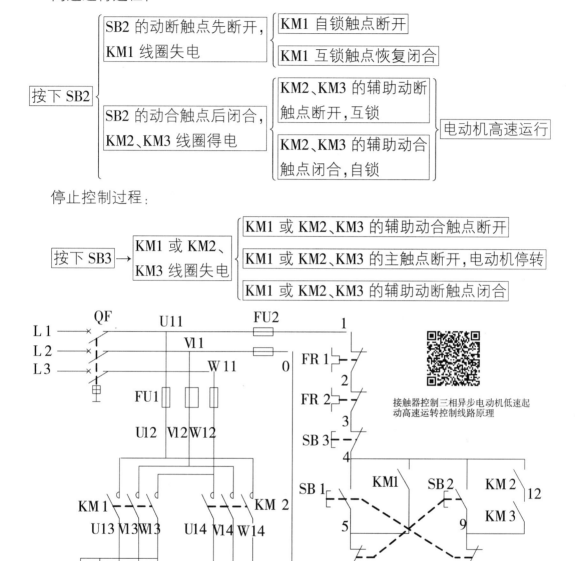

接触器控制三相异步电动机低速起动高速运转控制线路原理

图 7-0-1　接触器控制低速起动高速运转双速电动机控制线路原理图

任务一　PLC 控制双速电动机控制线路的组态与装调

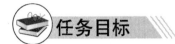**任务目标**

技能目标

(1)能分析 PLC 控制双速电动机的 I/O 分配表、I/O 接线图、梯形图、原理图;

(2)能组态与装调 PLC 控制的低速起动高速运转控制线路。

知识目标

熟悉 PLC 控制的低速起动高速运转控制线路中各电气元器件的作用。

必备知识

分析 PLC 控制低速起动高速运转控制线路原理

1. 分析 I/O 分配表

PLC 控制低速起动高速运转控制线路的 I/O 分配表见表 7-1-1。

PLC 控制低速起动高速运转控制线路的 I/O 分配表　表 7-1-1

类　　别	外　接　硬　件			PLC	功　　能
输入	按钮	SB1	动合	I0.0	低速
		SB2	动合	I0.1	高速
		SB3	动断	I0.2	停止
	热继电器	FR1	动断	I0.3	过载保护
		FR2	动断	I0.4	过载保护
输出	交流接触器	KM1	线圈	Q0.0	低速
		KM2	线圈	Q0.1	高速
		KM3	线圈	Q0.2	高速

2. 分析 I/O 接线图

图 7-1-1 所示为 PLC 控制低速起动高速运转控制线路的 I/O 接线图。在设计 PLC 控制低速起动高速运转控制线路的 I/O 接线图时,由于硬件的响应速度问题,务必要对接触器 KM1、KM2 和 KM3 进行互锁。

3. 分析 PLC 程序

图 7-1-1 所示的 PLC 控制低速起动高速运转控制线路的 I/O 接线图对应的梯形图如图 7-1-2 所示,该程序能使双速电动机实现低速起动高速运转控制功能。

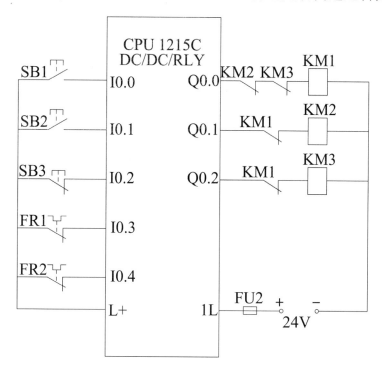

图 7-1-1　PLC 控制低速起动高速运转控制线路的 I/O 接线图

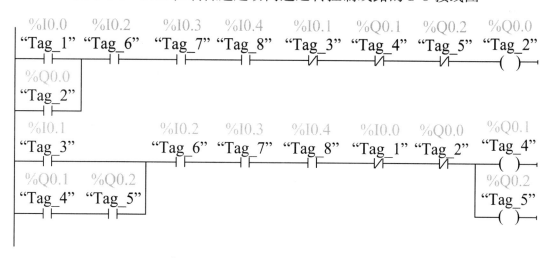

图 7-1-2　双速电动机低速起动高速运转控制程序

4. 分析原理图

根据 I/O 分配表、I/O 接线图及 PLC 程序,可以设计出如图 7-1-3 所示的 PLC 控制双速电动机低速起动高速运转控制线路电气原理图。

更详细的 PLC 控制双速电动机低速起动高速运转控制线路电气原理图的分析请扫码观看视频。

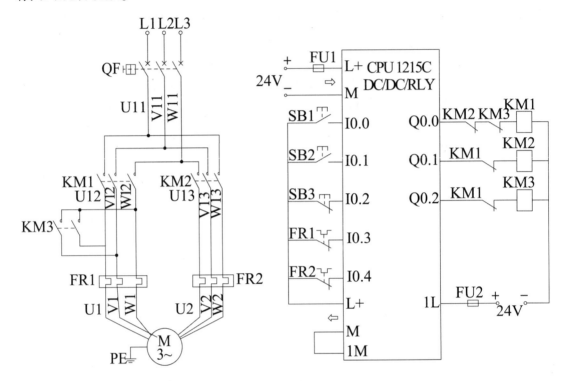

图 7-1-3　PLC 控制双速电动机低速起动高速运转控制线路电气原理图

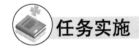 **任务实施**

组态与装调 PLC 控制低速起动高速运转控制线路

组态与装调如图 7-1-3 所示 PLC 控制双速电动机低速起动高速运转控制线路电气原理图。

1. 组态及仿真

打开编程软件,编写双速电动机低速起动高速运转控制程序,按照动作要求对所编程序进行仿真演示,确保所编程序无误后,下载程序至 PLC 中。参考程序如图 7-1-2 所示。

PLC 控制三相异步电动机低速起动高速
运转控制线路原理

PLC 控制三相异步电动机低速起动高速
运转控制的组态与仿真

2. 领取器材

根据器材清单(表7-1-2)中的元器件名称或图形符号领用相应的器材,并用仪表检测元器件,判断其好坏,如元器件有故障,需先进行修复或更换。参照相关元器件实物或其说明书,完成表7-1-2中器材品牌、型号(规格)等相关内容的填写。

器 材 清 单　　　　　　　　　　　　　　　表7-1-2

符号	元器件名称	品牌	型　　　号	数量	检测	备　　　注
PLC	可编程控制器	西门子	CPU1215C DC/DC/RLY	1个		根据实训室配置填写
QF	断路器			1个		
FU1	熔断器			1个		
FU2	熔断器			1个		
FU3	熔断器			1个		
KM1	接触器			1个		
KM2	接触器			1个		
KM3	接触器			1个		
SB1	按钮开关			1个		
SB2	按钮开关			1个		
SB3	按钮开关			1个		
FR1	热继电器			1个		
FR2	热继电器			1个		
M	电动机					
	冷压端子					
	接线端子排					
	导线					

3. 安装线路

参照图7-1-4所示的PLC控制双速电动机低速起动高速运转控制线路元器件布置参考图及实训场地实际情况,用紧固件将元器件安装在合理位置。在布置元器件时应考虑相同元器件尽量摆放在一起,主电路的相关元器件的安装位置要与其电路图有一定的对应关系,达到布局合理、间距合适、接线方便的要求。元器件安装调整到位后,再根据图 7-1-3 所示的 PLC 控制双速电动机低速起动高速运转控制线路电气原理图进行接线。

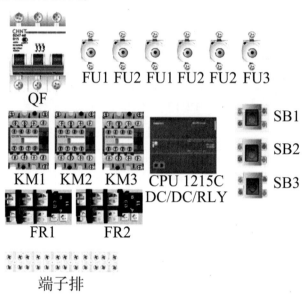

图 7-1-4　PLC 控制双速电动机低速起动高速运转控制线路元器件布置参考图

4. 检测硬件线路

PLC 控制双速电动机低速起动高速运转控制线路安装好后,在上电前务必对主电路及 PLC 的 I/O 连线进行检测,主电路的检测方法与图 7-0-1 所示的接触器控制低速起动高速运转双速电动机控制线路的主电路检测方法一样。PLC 的 I/O 连线的检测可分为输入信号的检测及输出信号的检测。对输入信号进行检测:将万用表两表笔分别放在 PLC 要检测的输入端与 L + ◀两端,分别按下按钮、热继电器复位按钮等输入信号,看输入信号在万用表上显示的通断变化情况。对输出电路的检测:可以将万用表两表笔分别放在要检测的输出端与直流 24V − 两端,此时应分别为接触器 KM1、KM2 与 KM3 线圈的电阻;当用螺丝刀压下接触器 KM1 触点架时,因为接触器互锁关系,此时接触器 KM2 与 KM3 线圈所在回路电阻值应为无穷大;当用螺丝刀分别压下接触器 KM2 或 KM3、或同时压下 KM2 与 KM3 触点架时,KM1 线圈所在回路电阻值也应为无穷大。将检测数据记录下来,并分析检测数据是否正常。

将主电路检测数据填入表 7-1-3,并根据检测数据,对主电路进行分析,如果电路异常,需及时查明原因。

PLC 控制双速电动机低速起动高速运转控制线路主电路检测数据

表 7-1-3

项目	元器件状态	万用表 表笔位置	阻值(Ω)	结果判断	备注
主电路检测	未压下接触器 KM1 或 KM2 触点架	U11 与 V11			
		U11 与 W11			
		V11 与 W11			
	压下接触器 KM1 触点架	U11 与 V11			
		U11 与 W11			
		V11 与 W11			
	压下接触器 KM2 触点架	U11 与 V11			
		U11 与 W11			
		V11 与 W11			
	同时按下接触器 KM1 与 KM2 接触架	U11 与 W11			

将 I/O 连线检测数据填入表 7-1-4,并根据检测数据,对 I/O 连线进行分析,如果 I/O 连线异常,需及时查明原因。

PLC 控制双速电动机低速起动高速运转控制线路 I/O 连线检查表

表 7-1-4

输 入 检 测				输 出 检 测			
万用表 表笔位置	初始 阻值	切换状态 后阻值	结果 分析	万用表 表笔位置	动作	阻值	结果 分析
I0.0 与 L+				Q0.0 与 直流 24V −	初始状态		
I0.1 与 L+				Q0.1 与 直流 24V −	初始状态		
I0.2 与 L+				Q0.2 与 直流 24V −	初始状态		

续上表

输 入 检 测				输 出 检 测			
万用表 表笔位置	初始 阻值	切换状态 后阻值	结果 分析	万用表 表笔位置	动作	阻值	结果 分析
I0.3 与 L+				Q0.0 与 直流 24V −	压下 KM1 触点架		
					压下 KM2 或 KM3 触点架		
					同时压下 KM2 与触点架 KM3		
I0.4 与 L+				Q0.1 与 直流 24V −	压下 KM1 触点架		
I0.4 与 L+				Q0.1 与 直流 24V −	压下 KM2 或 KM3 触点架		
					同时压下 KM2 与 KM3 触点架		
				Q0.2 与 直流 24V −	压下 KM1 触点架		
					压下 KM2 或 KM3 触点架		
					同时压下 KM2 与 KM3 触点架		

5. 调试线路

检查接线并分析所测数据无误及程序下载完成后,就可以在熔座上安装熔管,合上断路器 QF,接通交流电源,此时电动机不转。按下低速按钮,电动机应低速起动;按下高速按钮,电动机应高速转动,可用钳形电流表测量电动机工作电流。按下停止按钮,电动机应停转。若电路不能正常工作,则应先切断电源,排除故障后才能重新上电。

任务总结与评价

参考附录1：PLC控制三相交流异步电动机控制线路的组态与装调评价表,对PLC控制双速电动机低速起动高速运转线路的组态与装调进行评价,并根据学生完成的实际情况进行总结。

任务拓展

触摸屏+PLC控制双速电动机低速起动高速运转控制线路

1. 分析I/O分配表

触摸屏+PLC控制双速电动机低速起动高速运转控制的I/O分配表见表7-1-5。

触摸屏+PLC控制双速电动机低速起动高速运转控制的I/O分配表

表7-1-5

类别	外 接 硬 件			PLC	功　能
输入	触摸屏	SB1	复归型软按键	M0.0	低速
		SB2	复归型软按键	M0.1	高速
		SB3	复归型软按键	M0.2	停止
	热继电器	FR1	动断	I0.0	过载保护
		FR2	动断	I0.1	过载保护
输出	PLC	KM1	线圈	Q0.0	低速
		KM2	线圈	Q0.1	高速
		KM3	线圈	Q0.2	高速
		HL1	位状态指示灯	M0.3	低速指示
		HL2	位状态指示灯	M0.4	高速指示
		HL3	位状态指示灯	M0.5	停止指示

2. 分析I/O接线图

图7-1-5所示为触摸屏+PLC控制双速电动机低速起动高速运转的I/O接线

图,在触摸屏上设计了低速按钮、高速按钮、停止按钮。

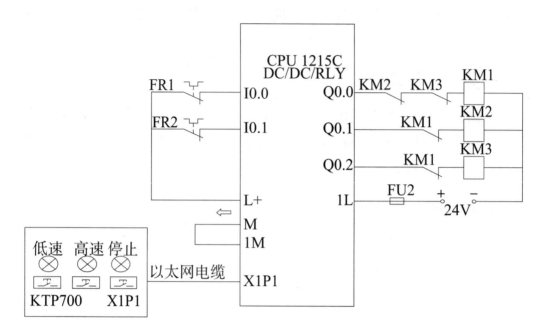

图 7-1-5　触摸屏 + PLC 控制双速电动机低速起动高速运转 I/O 接线图

3.分析 PLC 程序

图 7-1-6 所示为触摸屏 + PLC 控制双速电动机低速起动高速运转的梯形图,该程序能通过触摸屏实现电动机低速—高速—停止控制功能。

触摸屏的低速、高速、停止按钮分别连接 PLC 上位存储器 M0.0、M0.1、M0.2,当按下低速按钮时,利用梯形图的动合触点将低速信号传送至 Q0.0,双速电动机低速起动;松开低速按钮,利用梯形图的自锁使双速电动机低速起动自锁。当按下高速按钮时,利用梯形图的动断触点先将电动机低速运转断开,再利用动合触点将高速信号传送至 Q0.1、Q0.2,电动机高速运转;松开高速按钮,利用梯形图的自锁使双速电动机高速起动自锁。当按下停止按钮时,利用梯形图的动断触点断开双速电动机的高速起动和低速起动的自锁。

4.触摸屏画面的组态

图 7-1-7 所示为触摸屏 + PLC 控制双速电动机低速起动高速运转的触摸屏画面。

5.分析原理图

根据 I/O 分配表、I/O 接线图及 PLC 程序,可以设计出如图 7-1-8 所示的触摸屏 + PLC 控制双速电动机低速起动高速运转控制线路的电气原理图。

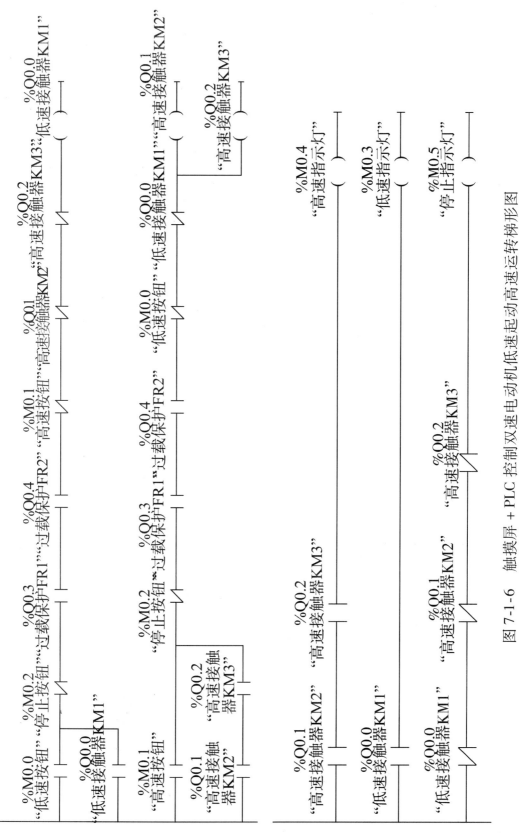

图 7-1-6 触摸屏 + PLC 控制双速电动机低速起动高速运转梯形图

图 7-1-7　触摸屏 + PLC 控制双速电动机低速起动高速运转触摸屏画面

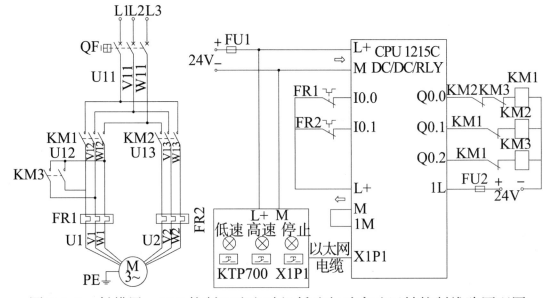

图 7-1-8　触摸屏 + PLC 控制双速电动机低速起动高速运转控制线路原理图

思考与练习

设计双速电动机低速起动高速运转 PLC + 触摸屏 + 变频器控制线路,要求触摸屏能控制双速电动机,触摸屏的高速、低速、停止的软按键能正确控制双速电机进行相应动作。

(1)设计 I/O 分配表;

(2)设计 I/O 接线图;

(3)设计梯形图。

触摸屏 + PLC 控制三相交流异步电动机低速起动高速运转控制线路原理

任务二 触摸屏+PLC+变频器控制电动机多段速运转线路的组态与装调

任务目标

技能目标

（1）能分析触摸屏+PLC+变频器控制电动机多段速运转的I/O分配表、I/O接线图、梯形图、原理图；

（2）能组态与装调触摸屏+PLC+变频器控制电动机多段速运转。

知识目标

熟悉触摸屏+PLC+变频器控制电动机多段速运转中各电气元器件的作用。

一、变频器三段速端子的参数设置

变频器三段速端子控制参数设置见表7-2-1。

变频器三段速端子控制参数设置表　　　表7-2-1

参　数　号	参　数　值	说　　明
P1000	3	转速为三段速的速度
P1016	2	将模式改为二进制选择方式
P1070	1024	固定设定值为主设定值
P0840	r722.0	将DI0设为起动信号
P1020	r722.0	将DI0设为转速固定值1的选择信号
P1021	r722.1	将DI1设为转速固定值2的选择信号
P1022	r722.2	将DI2设为转速固定值3的选择信号

续上表

参 数 号	参 数 值	说 明
P1003、P1005、P1007、P1001	100、200、300、100	定义固定设定值 1 ~ 4,单位为 r/min

二、变频器三段速的参数设置

变频器三段速速度参数设置见表 7-2-2。

变频器三段速速度参数设置表　　　　表 7-2-2

参数号	P1022 选择的 DI2 状态	P1021 选择的 DI1 状态	P1020 选择的 DI0 状态
P1003	0	1	1
P1005	1	0	1
P1007	1	1	1
P1001	0	0	1

三、分析触摸屏 + PLC + 变频器控制电动机多段速运转控制线路

1. 分析 I/O 分配表

触摸屏 + PLC + 变频器控制电动机多段速运转的 I/O 分配表见表 7-2-3。

触摸屏 + PLC + 变频器控制电动机多段速运转的 I/O 分配表　　表 7-2-3

类别	外接硬件		PLC	功　　能
输入	触摸屏	SB1　复归型软按键	M0.0	停止
		SB2　复归型软按键	M0.1	起动
		SB3　复归型软按键	M0.2	减速
输出	变频器	DI 0　变频器端子	Q0.0	转速固定值1的选择 + 起动信号
		DI 1　变频器端子	Q0.1	转速固定值2的选择信号
		DI 2　变频器端子	Q0.2	转速固定值3的选择信号

2. 分析 I/O 接线图

图 7-2-1 所示为触摸屏 + PLC + 变频器控制电动机多段速运转的 I/O 接线图，在触摸屏上设计了停止、起动、减速功能复归型按钮。

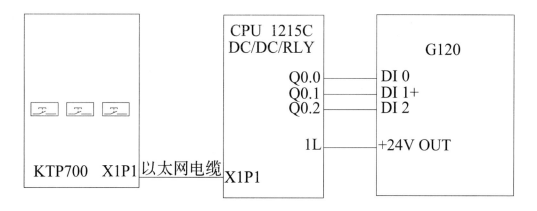

图 7-2-1　触摸屏 + PLC + 变频器控制电动机多段速运转 I/O 接线图

3. 分析 PLC 程序

图 7-2-2 所示为触摸屏 + PLC + 变频器控制电动机多段速运转的梯形图程序示意图，该程序可以通过实现电动机 P1003、P1005、P1007、P1001 的三段速控制功能，要实现 P1001 ~ P1007 的七段速控制功能请参照 P1003、P1005、P1007、P1001 的三段速控制功能编写。

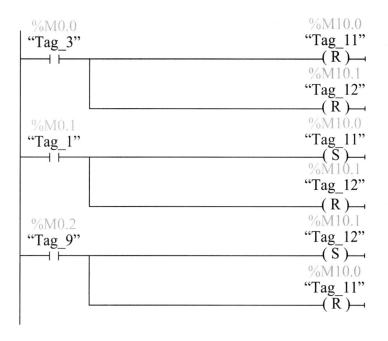

图　7-2-2

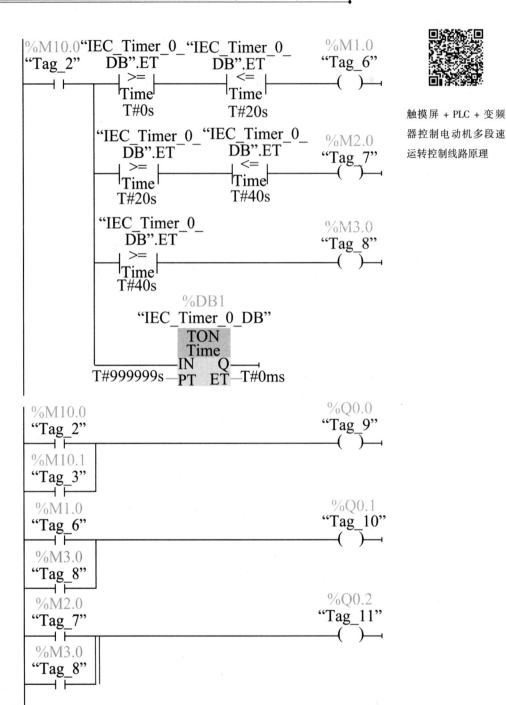

触摸屏 + PLC + 变频器控制电动机多段速运转控制线路原理

图 7-2-2　控制电动机多段速运转梯形图程序示意图

4. 分析原理图

根据 I/O 分配表、I/O 接线图及 PLC 程序,可以设计出如图 7-2-3 所示的触摸屏 + PLC + 变频器控制电动机多段速运转控制线路原理图。

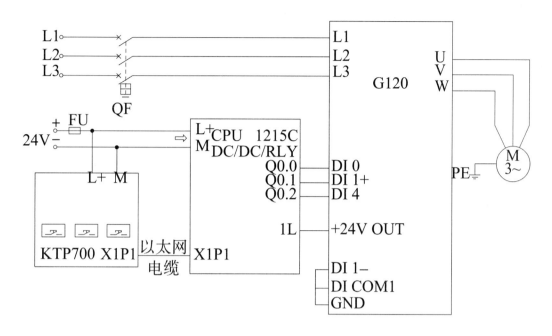

图 7-2-3   触摸屏 + PLC + 变频器控制电动机多段速运转控制线路原理图

任务实施

组态与装调触摸屏 + PLC + 变频器控制电动机多段速运转控制线路

组态与装调如图 7-2-3 所示触摸屏 + PLC + 变频器控制电动机多段速运转控制线路。

1. 组态及仿真

打开编程软件,编写触摸屏 + PLC + 变频器控制电动机多段速运转控制线路的触摸屏画面及梯形图程序,按照双速电动机低速起动高速运转控制的动作要求对所编写的程序进行仿真演示,确保所编程序无误后,下载程序至触摸屏或 PLC 中。梯形图参考程序如图 7-2-2 所示。

触摸屏 + PLC + 变频器控制三相交流异步电动机低速起动高速运转控制的组态与仿真

2. 领取器材

根据器材清单(表 7-2-4)中的元器件名称或文字符号领用相应的器材,并用仪表检测元器件,判断其好坏,如元器件有故障,需先进行修复或更换。参照相关元器件实物或其说明书,完成表 7-2-4 中器材品牌、型号(规格)等相关内容的填写。

触摸屏＋PLC＋变频器控制电动机多段速运转控制线路器材清单

表 7-2-4

符号	元器件名称	品牌	型号	数量	检测	备　　注
PLC	可编程控制器	西门子	CPU1215C DC/DC/RLY	1个		根据实训室配置填写
QF						
FU						
M						
	变频器					
	触摸屏					
	冷压端子					
	接线端子排					
	导线					

3. 安装线路

参照图 7-2-4 所示的元器件布置参考图及实训场地实际情况,用紧固件将元器件安装在合理位置,再根据图 7-2-3 所示的触摸屏＋PLC＋变频器控制电动机多段速运转控制线路原理图进行接线。

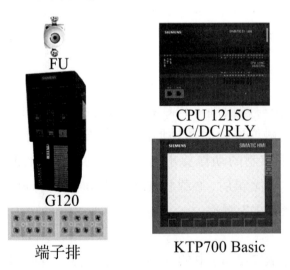

FU

G120

端子排

CPU 1215C
DC/DC/RLY

KTP700 Basic

图7-2-4　触摸屏＋PLC＋变频器控制电动机多段速运转控制线路
　　　　元器件布置参考图

4. 检测硬件线路

触摸屏＋PLC＋变频器控制电动机多段速运转控制线路安装好后,在上电前务必对接线及 I/O 连线进行检测,需特别注意各器件的电压等级。另外,还需要检查触摸屏 + PLC 的通信连接是否牢固。

5. 设置变频器参数

参照表 7-2-1 所示的三段速端子控制参数表及实训场地实际情况,对端子进行定义,再根据表 7-2-2 所示的三段速速度参数表进行设置。

6. 调试线路

检查接线及程序下载完成后,就可以在熔座上安装熔管,接通交流电源,此时电动机不转。按下复归型软按键 SB1,电动机应低速运转;按下复归型软按键 SB2,电动机应高速运转;按下复归型软按键 SB3,电动机应停转。若线路不能正常工作,则应先切断电源,排除故障后才能重新上电。

 任务总结与评价

参考附录 2:触摸屏 + PLC + 变频器控制电动机多段速运转控制线路的组态与装调评价表,对触摸屏 + PLC + 变频器控制电动机多段速运转控制线路的组态与装调进行评价(**请注意,本任务中没有变频器**),并根据学生完成的实际情况进行总结。

 任务拓展

七段码控制线路原理

1. 任务要求

如何利用 8 盏灯做出一个七段码,使其可以显示数字 0 ~ 9,并按下起动按钮后可以从 0 ~ 3 依次循环显示,按下停止按钮后显示 0,下面是具体做法。

2. 七段码灯摆法

电器元件和电路图不需要变,灯的排列位置需要按照七段码的位置进行排列,如图 7-2-5 所示。然后进行梯形图编写,可参照图 7-2-6 七段码梯形图进行编写。

3. 进制转换

小数点前或者整数要从右到左用二进制的每个数去乘以 2 的相应次方并递增,小数点后则

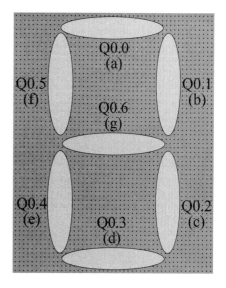

图 7-2-5 七段码位置要求

是从左往右乘以二的相应负次方并递减。例如:二进制数 1101.01 转化成十进制。

$$1101.01(2) = 1_{2^0}^* + 0_{2^1}^* + 1_{2^2}^* + 1_{2^3}^* + 0^*2_{-1} + 1^*2_{-2} = 1 + 0 + 4 + 8 + 0 + 0.25 = 13.25(10)$$

所以总结起来通用公式为:

$$abcd.efg(2) = d_{2^0}^* + c_{2^1}^* + b_{2^2}^* + a_{2^3}^* + e^*2_{-1} + f^*2_{-2} + g^*2_{-3(10)}$$

PLC 控制七段码控制线路显示的值所对应的二进制值和十进制值见表7-2-5。

PLC 控制七段码控制线路显示值所对应的二进制值和十进制值表

表 7-2-5

七段码显示的值	十进制值	二进制值	说　明
0	63	0111111	点亮 Q0.0、Q0.1、Q0.2、Q0.3、Q0.4、Q0.5
1	6	0000110	点亮 Q0.1、Q0.2
2	91	1011011	点亮 Q0.0、Q0.1、Q0.3、Q0.4、Q0.6
3	79	1001111	点亮 Q0.0、Q0.1、Q0.2、Q0.3、Q0.6
4	102	1100110	点亮 Q0.1、Q0.2、Q0.5、Q0.6
5	109	1101101	点亮 Q0.0、Q0.2、Q0.3、Q0.5、Q0.6
6	125	1111101	点亮 Q0.0、Q0.2、Q0.3、Q0.4、Q0.5、Q0.6
7	7	0000111	点亮 Q0.0、Q0.1、Q0.2
8	127	1111111	点亮 Q0.0、Q0.1、Q0.2、Q0.3、Q0.4、Q0.5、Q0.6
9	111	1101111	点亮 Q0.0、Q0.1、Q0.2、Q0.3、Q0.5、Q0.6

4. 分析 I/O 分配表

PLC 控制七段码控制线路的 I/O 分配表见表7-2-6。

PLC 控制七段码控制线路的 I/O 分配表   表 7-2-6

类别	外接硬件			PLC	功能
输入	按钮	SB1	动合	I0.0	起动
		SB2	动断	I0.1	停止
输出	LED1 阳极			Q0.0	点亮 a 段
	LED2 阳极			Q0.1	点亮 b 段
	LED3 阳极			Q0.2	点亮 c 段
	LED4 阳极			Q0.3	点亮 d 段
	LED5 阳极			Q0.4	点亮 e 段
	LED6 阳极			Q0.5	点亮 f 段
	LED7 阳极			Q0.6	点亮 g 段

5. 分析 PLC 程序

图 7-2-6 所示为 PLC 控制七段码控制线路的梯形图,该程序能通过 PLC 实现控制七段码从 0~3 循环显示的控制功能,实现 0~9 的循环显示的控制功能请参照 0~3 循环显示的控制功能编写。

当按下 I0.0 起动按钮利用梯形图的动合触点将起动信号传送至 PLC,PLC 上位存储器 M10.0 接通并自锁,M0.5 以 1Hz 的频率接通闭合,CTU 计数器开始计数,依次将 0~3 的十进制值传送至 QB0,当记至第 4 次,CTU 的 Q 端 M10.1 接通,CTU 的 R 端接通,将 CTU 所记值清零。当按下 I0.1 按钮时利用梯形图的动合触点将 M10.0 断开,停止 CTU 的计数,再利用动断触点接通 M10.1,CTU 的 R 端接通,将 CTU 所记值清零。

6. 控制原理

按下 SB1 起动按钮后形成自锁 M10.0,在计数器前面加 M10.0 的动合点代表只有起动按钮按下后,才可以计数,M0.5 每隔 1s 发出一个脉冲,计数器进行计数,然后通过判断来进行传送对应的数值到 QB0,停止显示只需按下 SB2 停止按钮即可。

7. SEG 指令

S7-300、S7-400、S7-1500 中有专门为七段码而设指令 SEG,只需要在 IN 端输入需要显示的数字即可,如图 7-2-7 所示 SEG 指令图,它并不需要向前面程序一样传送 0~3 对应的二进制值。

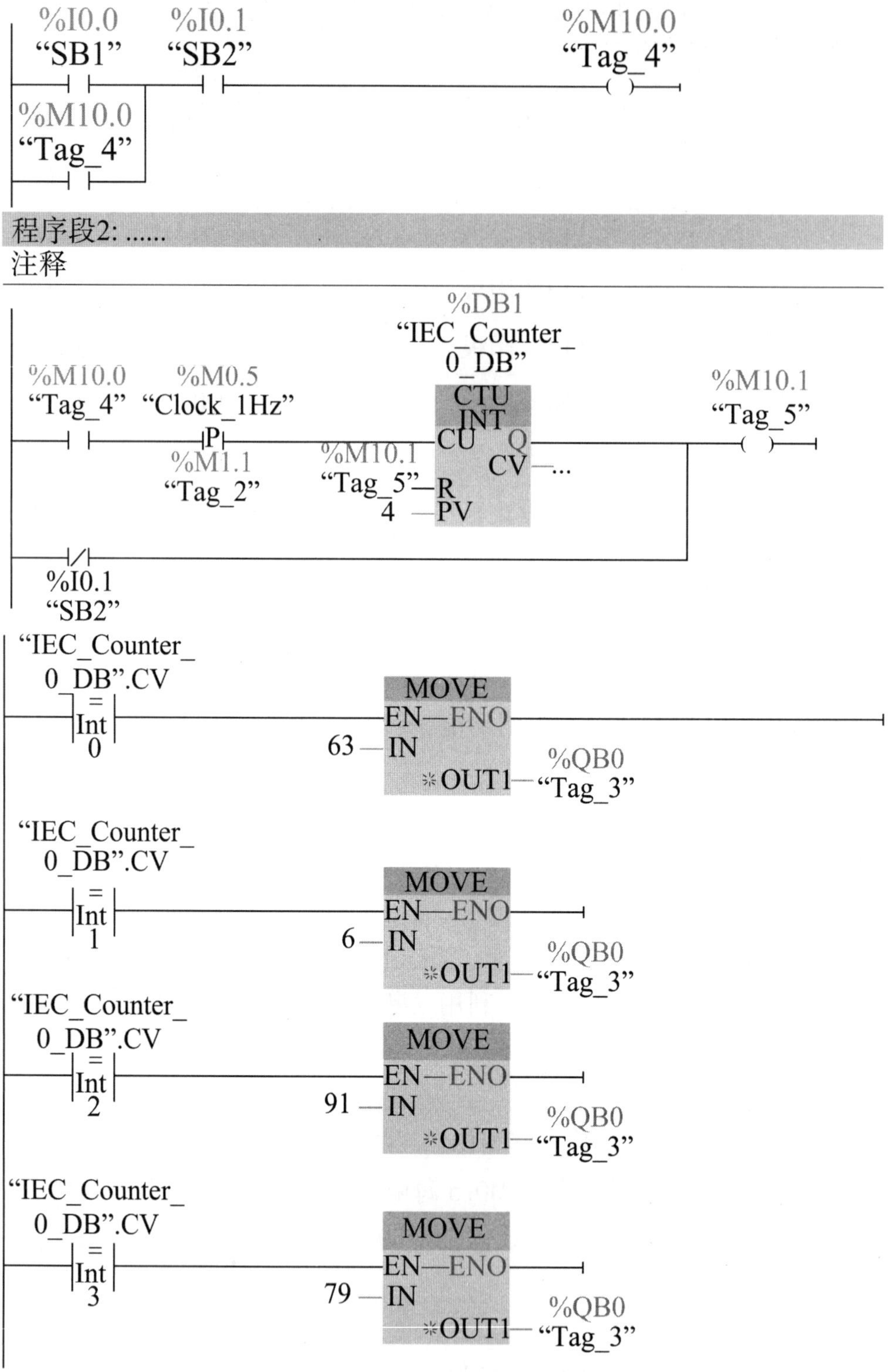
%I0.0
"SB1"
%I0.1
"SB2"
%M10.0
"Tag_4"
%M10.0
"Tag_4"
程序段2: ......
注释
%DB1
"IEC_Counter_
0_DB"
CTU
INT
%M10.0
"Tag_4"
%M0.5
"Clock_1Hz"
P
%M1.1
"Tag_2"
CU
Q
CV
...
%M10.1
"Tag_5"
R
4
PV
%M10.1
"Tag_5"
%I0.1
"SB2"
"IEC_Counter_
0_DB".CV
==
Int
0
MOVE
EN
ENO
63
IN
OUT1
%QB0
"Tag_3"
"IEC_Counter_
0_DB".CV
==
Int
1
MOVE
EN
ENO
6
IN
OUT1
%QB0
"Tag_3"
"IEC_Counter_
0_DB".CV
==
Int
2
MOVE
EN
ENO
91
IN
OUT1
%QB0
"Tag_3"
"IEC_Counter_
0_DB".CV
==
Int
3
MOVE
EN
ENO
79
IN
OUT1
%QB0
"Tag_3"

图 7-2-6　七段码梯形图

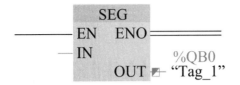

图 7-2-7　SEG 指令图

PLC 控制七段码控制线
路的组态与仿真

思考与练习

设计可显示两位数的七段码：

(1)设计 I/O 分配表；

(2)设计 I/O 接线图；

(3)设计 PLC 控制程序；

(4)设计并完成触摸屏画面的组态。

项目八　TIA 博途智能控制案例

任务一　A/D 转换控制组态与装调

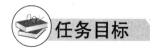

技能目标

(1)能分析 PLC 控制 A/D 转换的 I/O 分配表、I/O 接线图、梯形图、原理图；

(2)能安装与调试 PLC 控制 A/D 转换控制线路。

知识目标

(1)认识 A/D 转换；

(2)认识标准化指令、缩放指令；

(3)熟悉 PLC 控制的 A/D 转换线路中各电气元件的作用。

一、认识 A/D 转换以及相关指令

1. A/D 介绍

A/D 转换就是模数转换，顾名思义，就是把模拟量信号转换成数字信号，模拟量信号是自动化过程控制系统中最基本的过程信号（压力、温度、流量等）输入形式。系统中的过程信号通过变送器，将这些检测信号转换为统一的电压、电流信号，并将这些信号实时地传送至可编程逻辑控制器（PLC），PLC 通过计算转换，将这些模拟量信号转换为内部的数值信号。一般模拟量转换数字量和数字量转换模拟量会用到两个基本指令：NORM_X 标准化指令和 SCALE_X 缩放指令。

2. 标准化指令

图 8-1-1 所示为标准化指令格式，使用"标准化"指令可以将通过输入 VALUE

中变量的值进行标准化。可以使用参数 MIN 和 MAX 定义值范围的限值。输出 OUT 中的结果经过计算并存储为浮点数,这取决于要标准化的值在该值范围中的位置。如果要标准化的值等于输入 MIN 中的值,则输出 OUT 将返回值"0.0"。如果要标准化的值等于输入 MAX 的值,则输出 OUT 需返回值"1.0"。

3. 缩放指令

图 8-1-2 所示为缩放指令格式,使用"缩放"指令可以将通过输入 VALUE 的值映射到指定的值范围内以缩放该值。当执行"缩放"指令时,输入 VALUE 的浮点值会缩放到由参数 MIN 和 MAX 定义的值范围。缩放结果为整数,存储在 OUT 输出中。

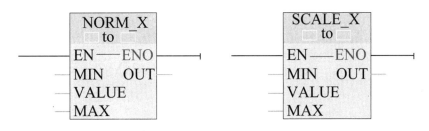

图 8-1-1　标准化指令格式　　　图 8-1-2　缩放指令格式

二、分析 PLC 控制 A/D 转换控制线路原理

1. 分析 I/O 分配表

PLC 控制 A/D 转换的 I/O 分配表见表 8-1-1。

A/D 转换的 I/O 分配表　　　　　　表 8-1-1

类　　别	外接硬件			PLC	功　　能
输入	电位器滑动端	RP	电位器	0	电压输入
输出	指示灯 1	HL1	线圈	Q0.0	亮灯显示
		HL2	线圈	Q0.1	亮灯显示

2. 分析 I/O 接线图

图 8-1-3 所示为 PLC 控制 A/D 转换的 I/O 接线图,实现一个模拟量转换成数字量的控制。

3. 分析 PLC 程序

图 8-1-4 所示为 PLC 控制 A/D 转换的梯形图,因为 AI 接线是 0 的 io 点,代表的意思是连接该型号 PLC 模拟量输入通道 0,通道 0 的通道地址为 IW64,所以模拟量输入地址为 IW64,注意该型号 PLC 的通道 0 只能接受 0~10V 的电压,NORM_X 为标准化指令,分别在 MIN 和 MAX 中写入模拟量值的最小值和最大值,这两个值

是固定的为 0 和 27648,所以不管其他 PLC 的模拟量通道地址能接收 0~5V 电压还是 0~10V 电压这里都填写 0 和 27648,VALUE 中填写接收模拟量的地址 IW64,SCALE_X 为缩放指令,分别在 MIN 和 MAX 中写入需要显示的最小值和最大值,我这边需要它显示 0~10,所以 MIN 中填入 0,MAX 中填入 10,PLC 将标准化后得到的值进行缩放得到需要显示的值,最后 MW20 就是你需要的值,然后进行判断电压小于或等于 3V 时 HL1 灯亮,大于 3V 时 HL2 灯亮。

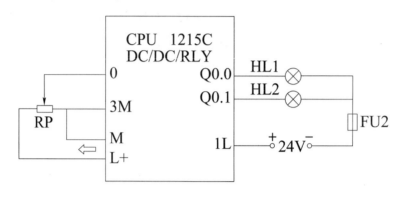

图 8-1-3　PLC 控制 A/D 转换的 I/O 接线图

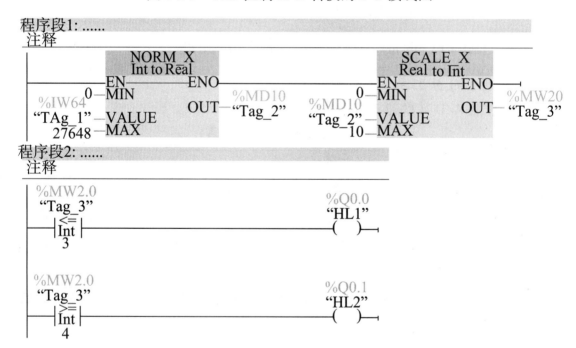

图 8-1-4　PLC 控制 A/D 转换的梯形图

4. 分析原理图

根据 I/O 分配表、I/O 接线图及 PLC 程序,可以设计出如图 8-1-5 所示的 PLC 控制 A/D 转换控制线路原理图。

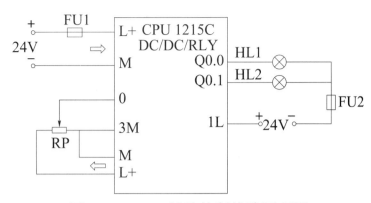

图 8-1-5 A/D 转换控制线路原理图

A/D 转换控制线路
原理

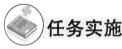任务实施

组态与装调 A/D 转换控制线路

1.组态与仿真

(1)打开博图软件,如图 8-1-6 所示选择正确的 PLC 型号,以编写 PLC 控制 A/D 转换的梯形图程序,梯形图程序参考图 8-1-4。

(2)按照题目要求进行仿真演示,确保所编程序无误后,下载程序至 PLC 中,图 8-1-7 所示为梯形图程序仿真状态,因为转换的数字数值小于或等于 3V,所以图中只接通了 Q0.0,也就是 HL1,当转换的数字数值大于 3V 时,将接通 Q0.1,也就是 HL2。

图 8-1-6 PLC 的选型

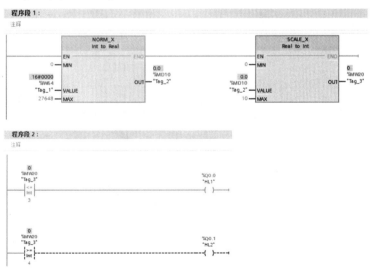

图 8-1-7 梯形图程序仿真状态

2.领取器材

根据器材清单(表8-1-2)中的元器件名称或文字符号领用相应的器材,并用仪表检测元器件,判断其好坏,如元器件有故障,需先进行修复或更换。参照相关元器件实物或其说明书,完成表8-1-2中器材品牌、型号(规格)等相关内容的填写。

PLC 控制 A/D 转换控制线路的组态与仿真

PLC 控制流水灯线路器材清单　　　　　表 8-1-2

符号	元器件名称	品牌	型　　号	数量	检测	备　　注
PLC	可编程控制器			1 个		
HL1						
HL2						
	直流可调单元					
	冷压端子					
	接线端子排					
	导线					

3.安装线路

参照图8-1-8所示的元器件布置参考图及实训场地实际情况,用紧固件将元器件安装在合理位置;结合本任务实际,选取必要的工具、仪表,并对选用的工具、仪表进行检查,确保工具、仪表都能正常使用;再根据图8-1-5所示的PLC控制A/D转换的线路原理图进行接线。

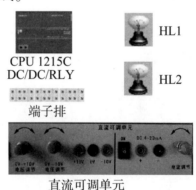

图8-1-8　PLC 控制 A/D 转换线路元器件布置参考图

4.检测硬件线路

PLC控制A/D转换线路安装好后,在上电前务必对接线及I/O连线进行检测,是否牢固。

5. 调试线路

检查接线及程序下载完成后,查看指示灯的亮灭情况,此时 HL1 灯亮。向左转动电压调节旋钮,使电压变大,等电压超过 3V 时,HL1 灯灭,HL2 灯亮。向右转动电压调节旋钮,使电压减小,当电压小于 3V 时可以看到 HL1 灯亮,HL2 灯灭。若电路不能正常工作,则应先切断电源,排除故障后才能重新上电。

 任务总结与评价

参考附录 1:PLC 控制三相交流异步电动机控制线路的安装与调试评价表,对组态与装调 A/D 转换控制线路进行评价(请注意,本任务中控制对象发生了改变),并根据学生完成的实际情况进行总结。

 任务拓展

触摸屏动态模拟显示 A/D 转换

1. 分析 I/O 分配表

触摸屏动态模拟显示 A/D 转换的 I/O 分配表见表 8-1-3。

A/D 转换的 I/O 分配表　　　　　　表 8-1-3

类　　别	外接硬件	元件符号	PLC 软元件	功　　能
模拟量输入	电位器滑动端	RP	0	电压输入
模拟量输入	无	模拟量 A	IW64	模拟量 A 显示
数字输出	无	数字 D	MW20	数字 D 显示

2. 分析 I/O 接线图

图 8-1-9 所示为触摸屏动态模拟显示 A/D 转换接线图,实现一个模拟量转换成数字量并实时显示在触摸屏上的控制。

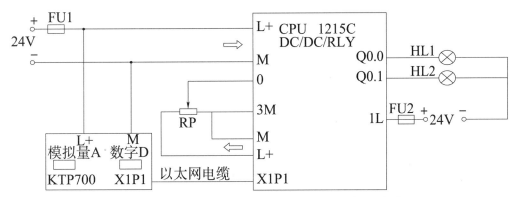

图 8-1-9　触摸屏动态模拟显示 A/D 转换接线图

3.流程步骤

基于之前讲到的内容,我们需要添加一块触摸屏,并将触摸屏按照图8-1-9触摸屏动态模拟显示 A/D 转换接线图与 PLC 进行组态连接,触摸屏选型与正确组态如图8-1-10所示。

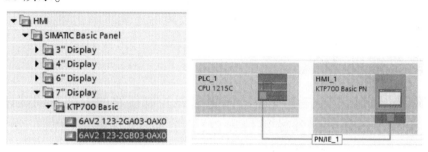

图 8-1-10　触摸屏选型与正确组态

4.分析 PLC 与触摸屏程序

(1)触摸屏与 PLC 组态成功后,参照图 8-1-4 编写 PLC 程序,并编写触摸屏画面,图8-1-11所示为实时显示 A 并转换 D 的触摸屏画面,其中模拟量 A 显示模拟量数值,数字 D 显示数字数值。

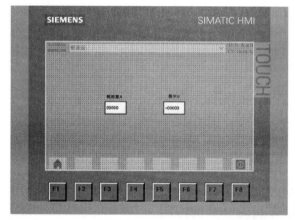

图 8-1-11　实时显示 A 并转换 D 的触摸屏画面

(2)编写完触摸屏画面后,如图 8-1-12 所示给模拟量 A 与数字 D 添加变量地址,才能够让数值显示在触摸屏上。

图 8-1-12　模拟量 A 与数字 D 的变量地址

（3）结束PLC与程序编程，滑动电位器滑动端调整模拟量的值，此时模拟量A会实时显示数值，并根据模拟量A当前数值将转换的数字数值显示在数字D上。

思考与练习

如何将PLC程序里的标准化值和缩放值利用触摸屏实时显示出来？
（1）设计I/O分配表；
（2）设计PLC控制程序；
（3）设计并完成触摸屏画面的组态。

任务二　RFID模块控制线路的组态与装调

任务目标

技能目标

（1）能正确组态西门子RFID模块；

（2）能够分析RFID原理；

（3）能组态与调试RFID进行读写。

知识目标

（1）熟悉RFID的组成结构；

（2）熟悉RFID的基本功能和特点；

（3）熟悉RFID各功能指令。

必备知识

一、认识射频识别技术

无线射频识别即射频识别技术（Radio Frequency Identification，RFID），是自动识别技术的一种，通过无线射频方式进行非接触双向数据通信，利用无线射频方式对记录媒体（电子标签或射频卡）进行读写，从而达到识别目标和数据交换的目的，其被认为是21世纪最具发展潜力的信息技术之一。无线射频识别技术通过无线电波不接触快速信息交换和存储技术，通过无线通信结合数据访问技术，然后连接数据库系统，加以实现非接触式的双向通信，从而达到了识别的目的，用于数据交换,串联起一个极其复杂的系统。在识别系统中,通过电磁波实现电子标签的读写与通信。根据通信距离,可分为近场和远场,为此读/写设备和电子标签之间的数据交换方式也对应地被分为负载调制和反向散射调制。

二、认识读写标签

图8-2-1所示为读写标签,由耦合元件及芯片组成,每个标签具有唯一的电子编码,附着在物体上标识目标对象。

三、认识阅读器

图8-2-2所示为阅读器,可对标签卡片的数据进行读取和数据写入。

四、认识通信模块

图8-2-3所示为通信模块,给阅读器供电,把阅读器状态反映到控制器中,且通信中的错误信息也可由模块上的LED灯显示。

图 8-2-1　读写标签

图 8-2-2　阅读器

图 8-2-3　通信模块

五、分析 RFID 控制线路

1. 分析 I/O 分配表

RFID 仓储控制的 I/O 分配表见表8-2-1。

RFID 仓储控制的 I/O 分配表　　　　　　　　表 8-2-1

类别	外接硬件	PLC 软元件	功　能
输入	阅读器	2	读取信息输入
输出	触摸屏	MW20、MW22、MW24	显示数据
输出	运送装置	Q0.0 ~ Q0.2	物体运送指定区域

2. 分析 I/O 接线图

图8-2-4所示为 RFID 仓储控制 I/O 接线图,在触摸屏上设计了 RFID 定制画面。

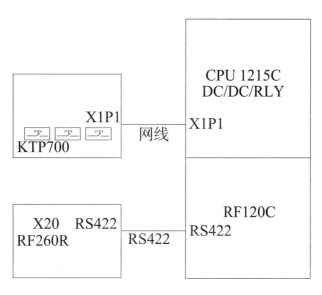

图 8-2-4　RFID 仓储控制 I/O 接线图

3. 分析 PLC 程序

外部阅读器读取经过的货物上的标签进行货物的计数和区域分类,并发出信号给运送装置再把数据进行清除操作,RFID 仓储控制 PLC 程序如图 8-2-5 所示。

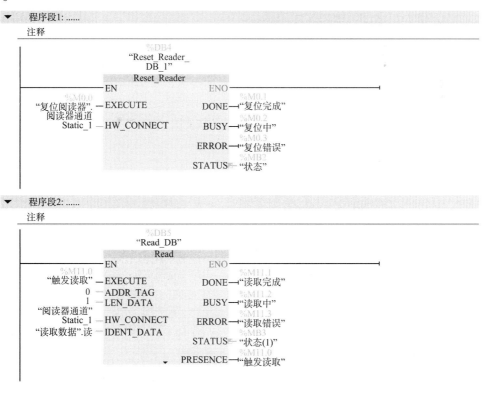

图 8-2-5

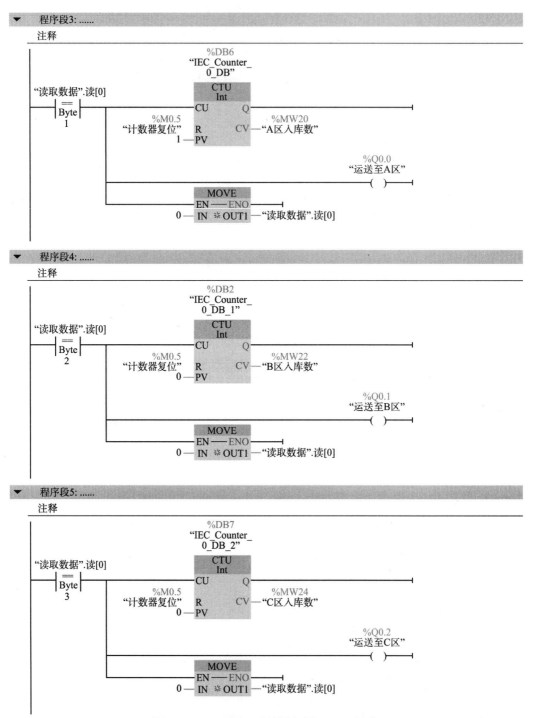

图 8-2-5　RFID 仓储控制 PLC 程序

4.分析原理图

根据 I/O 分配表、I/O 接线图及 PLC 程序,可以设计出如图 8-2-6 所示的 RFID 仓储控制线路电气原理图。

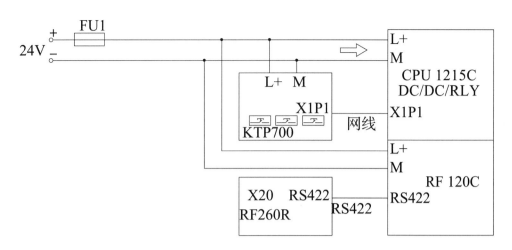

图 8-2-6　RFID 仓储控制线路电气原理图

组态与装调自动化仓储控制线路

1. 组态及仿真

（1）进行通信模块的组态,如图 8-2-7 所示,在组态界面右侧目录栏中搜索 RF120C 模块进行添加。

图 8-2-7　通信模块的组态

（2）对 RFID 通信模块中阅读器设置,如图 8-2-8 所示,选择读写设备的型号。

图 8-2-8　阅读器设置

（3）查看硬件标识符,如图 8-2-9 所示,创建数据块时需要使用。

图 8-2-9　硬件标识符

(4)查看输入输出地址,可自由设定,如图 8-2-10 所示。

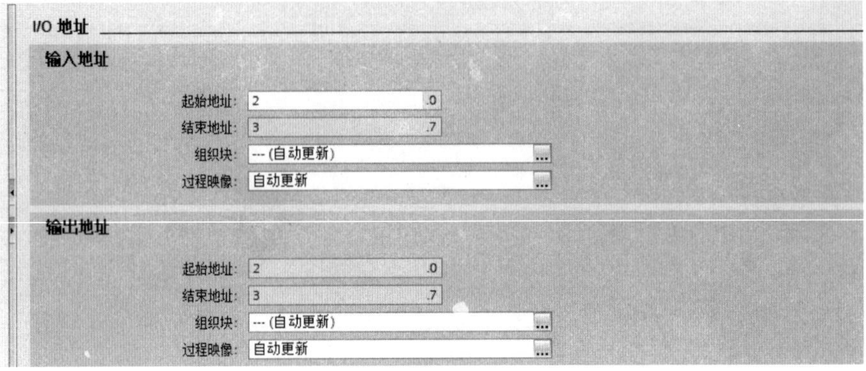

图 8-2-10　PLC 输入输出(I/O)地址

(5)创建全局 DB 数据块,如图 8-2-11 所示。

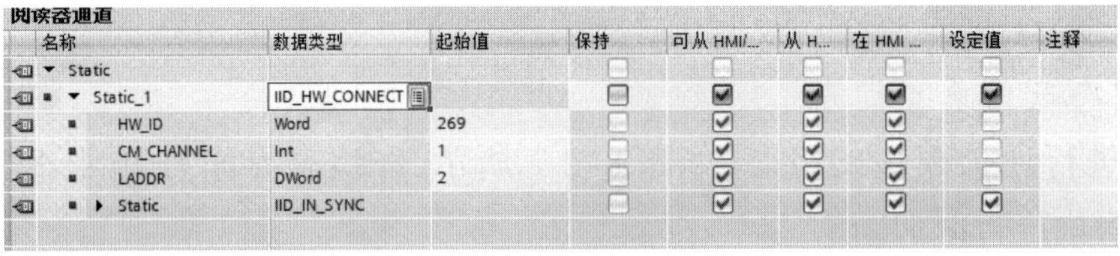

图 8-2-11　全局 DB 数据块示意图

创建名字为 Static_1 的变量。

Static_1 的数据类型选择为 IID_HW_CONNECT,如果没有该选项直接手动输入。

HW_ID:阅读器的硬件标识符。

CM_CHANNEL:激活通道的选择。

LADDR:起始地址。

(6)打开选件包,添加复位阅读器指令版本,选择 V4.0 如图 8-2-12 所示。

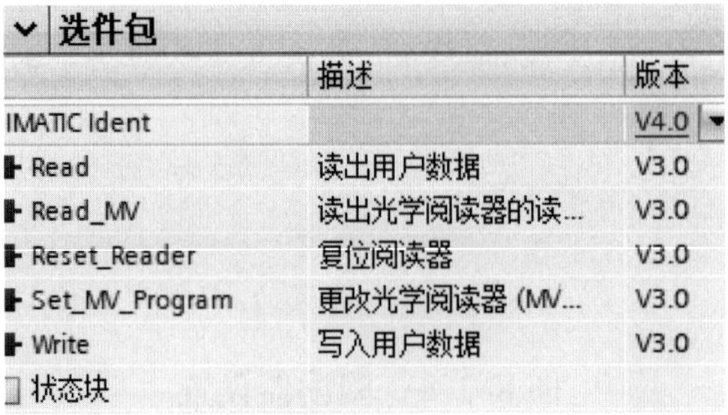

图 8-2-12　SIMATIC Ident 版本示意图

（7）对指令的输入输出针脚进行输入设置，如图8-2-13所示。

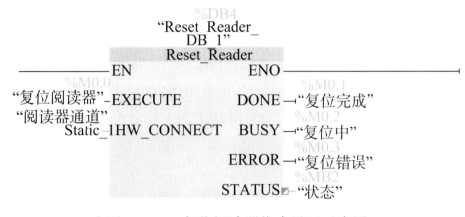

图8-2-13　复位阅读器指令设置示意图

（8）创建接收数据的数据块，如图8-2-14所示。

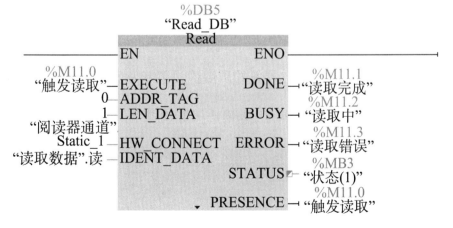

图8-2-14　创建数据块数据示意图

创建变量名字为读的变量。

读的数据类型选择数组（Array of Byte），将其设置为0～10的范围。

（9）读取数据指令添加针脚定义，如图8-2-15所示。

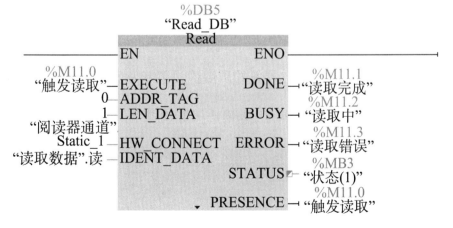

图8-2-15　读出用户数据指令设置示意图

ADDR_TAG:起始地址。

LEN_DATA:读入数据的长度。

IDENT_DATA:将读取到的数据存储在数组中。

PERSENCE:当阅读器感应到标签后进行输出。

(10)仓储程序的编写如图8-2-16所示,运用比较指令把读取的数据和定义的数据进行对比,当数据相等时,进行数量输出,再将货物运送到指定区域。

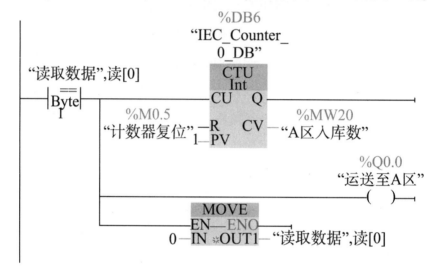

图8-2-16 仓储 PLC 程序

(11)触摸屏画面设置如图8-2-17所示,触摸屏添加 I/O 域组件。

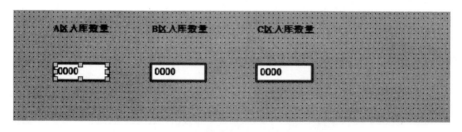

图8-2-17 触摸屏画面设置示意图

(12)组件设置如图8-2-18所示,变量选择计数器中的输出 CV 数据,显示格式选择十六进制。

图8-2-18 组件设置示意图

(13)进行触摸屏画面的组态连接,如图8-2-19所示。

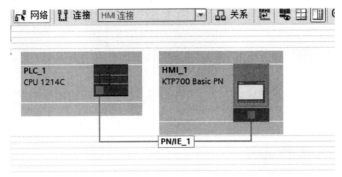

图8-2-19　PLC与HMI连接示意图

2. 领取器材

根据器材清单(表8-2-2)中的元器件名称或文字符号领 用相应的器材,并用仪表检测元器件,判断其好坏,如元器件 有故障,需先进行修复或调换。参照相关元器件实物或其说明书,完成表8-2-2 中器材品牌、型号(规格)等相关内容的填写。

自动化仓储控制线路的组 态与仿真

触摸屏+PLC+变频器控制的三相交流异步电动机

点动控制线路器材清单　　　　　表8-2-2

符号	元器件名称	品牌	型号	数量	检测	备　　注
PLC	可编程控制器					根据实训室配置填写
FU	熔断器					
	RFID 阅读器					
	RFID 通信模块					
HMI	触摸屏					
	冷压端子					
	接线端子排					
	导线					

3. 安装线路

参照图8-2-20所示的元器件布置参考图及实训场地实际情况,用紧固件将元器件安装在合理位置,再根据图8-2-6所示的RFID仓储控制线路电气原理图进行接线。

4. 检测硬件线路

触摸屏+PLC智能仓储线路安装好后,在上电前务必对接线及I/O连线进行检测,需特别注意各器件的电压等级。另外,还需要检查触摸屏与PLC和RFID通信连接是否牢固。

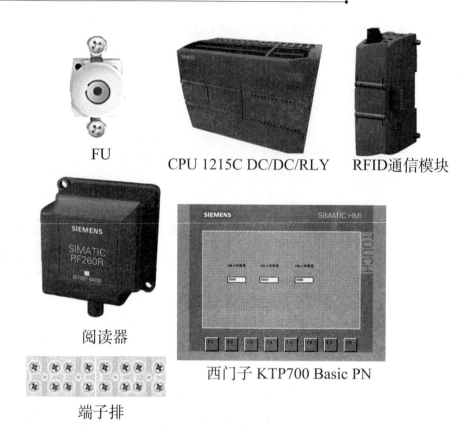

FU　　　CPU 1215C DC/DC/RLY　　RFID通信模块

阅读器　　　西门子 KTP700 Basic PN

端子排

图 8-2-20　触摸屏 + PLC 控制温度线路元器件布置参考图

5.调试线路

检查接线及程序下载完成后,将卡片放在阅读器,可以读取卡片的数值,如果为 A 区则 A 区计数加一,如果为 B 区则 B 区计数加一。

 任务总结与评价

参考附录 2:触摸屏 + PLC + 变频器控制三相交流异步电动机控制线路的安装与调试评价表,对组态与装调自动化仓储控制线路进行评价(请注意,本任务中不仅控制对象发生了改变,并且没有变频器),并根据学生完成的实际情况进行总结。

 任务拓展

Write 指令

博途选件包菜单下的 Write 指令可以把指定的写入缓冲区的值写进标签内,从而来指定标签的中的数据大小,如图 8-2-21 所示。

EXECUTE:此处引脚接通,开始进行写入。

ADDR_TAG:写入区的起始地址。

LEN_DATA:写入的数据长度,以字节为单位。

HW_CONNECT:阅读器信息。

IDENT_DATA:写入缓冲区。

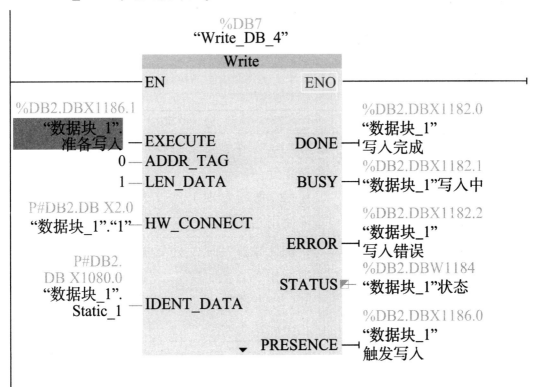

图 8-2-21 写入用户数据指令设置示意图

思考与练习

RFID 的 Write 指令的各引脚是什么意思?

(1) 能正确填写 Write 的引脚。

(2) 能根据实际情况来选择类型。

附录1 PLC 控制三相交流异步电动机控制线路的安装与调试评价表

评价项目		评价要求	评分标准	分值	师评
工具仪表器材	检查	核对工具、仪表、器材的数量、规格，并对仪表进行校验	（1）按清单要求每少准备1件扣2分； （2）每新发现1件仪表不能正常使用扣2分	5	
	检测	元器件质量、外观检测	（1）每新发现1处元器件外观损坏扣2分； （2）每新发现1件不能使用的元器件扣5分	10	
安装与调试	I/O设计	（1）列出PLC控制I/O分配表； （2）绘制PLC的I/O接线图	（1）输入、输出地址遗漏或搞错，每处扣1分； （2）接线图表达不正确或画法不规范，每处扣2分	10	
	编程	根据工作要求编写梯形图	指令有错，每条扣2分	10	
	元器件	布局合理、间距合适、接线方便	（1）元件布置不整齐、不匀称、不合理，每只扣1分； （2）元件安装不牢固、安装元件时漏装螺钉、不按图接线，扣2分；	5	
	布线	（1）接线要求美观、紧固、无毛刺，软导线要走线槽；	（2）布线不美观，主线路、控制线路每根扣0.5分； （3）接点松动、露铜过长、反圈、压绝缘层，标记线号不清楚、遗漏或误标每处扣0.5分；	20	

续上表

评价项目		评 价 要 求	评 分 标 准	分值	师评
安装与调试	布线	（2）电源和电动机配线、按钮接线要接到端子排上、进出线槽的导线要有端子标号	（4）损伤导线绝缘或线芯，每根扣0.5分； （5）不按 PLC 控制 I/O 接线图接线，每处扣2分		
	通电前检测	完成主线路及 I/O 的检测	（1）检测方法不正确，每处扣1分； （2）参考线路检测相关内容，每漏检1处扣1分	10	
	通电调试	在保证安全情况下，一次性通电成功	（1）一次试验不成功扣15分； （2）二次试验不成功不得分； （3）发生短路故障每次倒扣30分	20	
安全文明生产	设备	保证设备安全	（1）每损坏设备1处扣1分； （2）人为损坏设备倒扣10分	5	
	人身	保证人身安全	否决项，发生皮肤损伤、触电、电弧灼伤等，本次任务不得分		
	文明生产	（1）劳动保护用品穿戴整齐； （2）遵守各项安全操作规程； （3）实训结束要清理现场；	（1）违反安全文明生产考核要求的任何一项，扣1分； （2）当教师发现考生学生有重大人身事故隐患时，要立即给予制止，并倒扣10分； （3）不穿工作服，不穿绝缘鞋，不得进入实训场地	5	
合计				100	

附录2 触摸屏＋PLC＋变频器控制三相交流异步电动机控制线路的安装与调试评价表

评价项目		评价要求	评分标准	分值	师评
工具仪表器材	检查	核对工具、仪表、器材的数量、规格，并对仪表进行校验	（1）按清单要求每少准备1件扣2分； （2）每新发现1件仪表不能正常使用扣2分	5	
	检测	元器件质量、外观检测	（1）每新发现1处元器件外观损坏扣2分； （2）每新发现1件不能使用的元器件扣5分	10	
安装与调试	I/O设计	（1）列出PLC控制I/O分配表； （2）绘制PLC的I/O接线图	（1）输入、输出地址遗漏或搞错，每处扣1分； （2）接线图表达不正确或画法不规范，每处扣2分	10	
	编程	根据工作要求编写触摸屏画面及梯形图	指令有错，每条扣2分	15	
	变频器参数设置	设置变频器主要参数	主要参数设置不全不得分	5	
	元器件	布局合理、间距合适、接线方便	（1）元件布置不整齐、不匀称、不合理，每只扣1分； （2）元件安装不牢固、安装元件时漏装螺钉，每只扣1分	5	

续上表

评价项目		评价要求	评分标准	分值	师评
安装与调试	布线	（1）接线要求美观、紧固、无毛刺,软导线要走线槽; （2）电源和电动机配线、按钮接线要接到端子排上、进出线槽的导线要有端子标号	（1）如不按线路图接线,扣2分; （2）布线不美观,主线路、控制线路每根扣0.5分; （3）接点松动、露铜过长、反圈、压绝缘层,标记线号不清楚、遗漏或误标每处扣0.5分; （4）损伤导线绝缘或线芯,每根扣0.5分; （5）不按PLC控制I/O接线图接线,每处扣2分	15	
	通电前检测	完成主线路及I/O的检测	（1）检测方法不正确,每处扣1分; （2）参考线路检测相关内容,每漏检1处扣1分	5	
	通电调试	在保证安全情况下,一次性通电成功	（1）一次试验不成功扣15分; （2）二次试验不成功不得分; （3）发生短路故障每次倒扣30分	20	
安全文明生产	设备	保证设备安全	（1）每损坏设备1处扣1分; （2）人为损坏设备倒扣10分	5	
	人身	保证人身安全	否决项,发生皮肤损伤、触电、电弧灼伤等,本次任务不得分		
	文明生产	（1）劳动保护用品穿戴整齐; （2）遵守各项安全操作规程; （3）实训结束要清理现场	（1）违反安全文明生产考核要求的任何一项,扣1分; （2）当教师发现考生学生有重大人身事故隐患时,要立即给予制止,并倒扣10分; （3）不穿工作服,不穿绝缘鞋,不得进入实训场地	5	
合计				100	

参 考 文 献

［1］项万明,苏超,高峰.机床电气控制与PLC［M］.北京:机械工业出版社,2020.

［2］项万明,李国庆.机电设备的故障诊断与维修［M］.北京:科学出版社,2018.

［3］霍永红,项万明.机电设备的电气安装与调试［M］.北京:科学出版社,2018.

［4］沈柏民.工厂电气控制设备［M］.北京:高等教育出版社,2014.

［5］张彪.机床电气控制［M］.北京:中国劳动社会保障出版社,2009.

［6］李静梅.电力拖动控制线路与技能训练［M］.北京:中国劳动社会保障出版
社,2008.